OSTWALDS KLASSIKER
DER EXAKTEN WISSENSCHAFTEN
Band 181

Pierre Francois André Mechain
1744-1804

Jean Baptiste Joseph Delambre
1749-1822

Jean Charles Borda
1733-1799

Jaques Dominique Cassini
1748-1845

OSTWALDS KLASSIKER
DER EXAKTEN WISSENSCHAFTEN
Band 181

Grundlagen
des dezimalen metrischen Systems
oder
Messung des Meridianbogens zwischen den Breiten
von Dünkirchen und Barcelona, ausgeführt im Jahre 1792 und in den folgenden.

edigiert von Delambre, ständigem Sekretär des Instituts für die mathematischen /issenschaften, Mitglied des Bureau des Longitudes, der Königlichen Gesellschaften London, Upsala und Kopenhagen, der Akademien zu Berlin und Schweden, der alienischen und Göttinger Gesellschaft und Mitglied der Ehrenlegion.

von
Pierre F.A. Méchain
Jean B.J. Delambre

in Auswahl übersetzt und herausgegeben von
W. Block

Verlag Harri Deutsch

Die Deutsche Bibliothek - CIP-Einheitsaufnahme

Ein Titeldatensatz für diese Publikation ist bei
Der Deutschen Bibliothek erhältlich.
Zu recherchieren auch unter:
<http://www.ddb.de/online/index.htm>

ISBN 3-8171-3181-X

1. Auflage Engelmann Verlag, Leipzig
2. Auflage 2000
Druck: Rosch - Buch Druckerei GmbH, Scheßlitz
Printed in Germany

Inhalt.

Vorbemerkungen.

Die zwei Fragen nach der Größe und der Gestalt der Erde, die seit langen Zeiten die Astronomen und Geometer beschäftigen, scheinen niemals völlig erschöpft werden zu können. Die Alten haben sich nur mit der ersten beschäftigt, die zweite schien ihnen, gleich nachdem sie aufgeworfen war, gelöst zu sein. In dem Augenblick, in welchem man die Krümmung der Erdoberfläche und die konvexe Gestalt des Meeresspiegels bemerkt hatte, schloß man sofort, daß die Erde eine Kugel sei. In einer Zeit, in der man am Himmel nur Kreise sehen wollte, als man nur geradlinige und kreisförmige Bewegungen erfassen konnte, dachte man nicht daran, den geringsten Zweifel gegen eine Lehre zu erheben, die eine große Einfachheit in der Theorie mit einer für die Praxis ausreichenden Genauigkeit vereinigte. Man nahm es also bis auf *Huygens* und *Newton* als sicher hin, daß die Erde sphärisch sei. Bei dieser Hypothese genügte es, einen beliebigen Meridianbogen zu messen, um einen Globus konstruieren zu können, der im kleinen die Erde darstellte, und auf dem man in ihren wahren Verhältnissen die verschiedenen Länder zeichnen konnte, die ihre Oberfläche ausmachen. *Eratosthenes* scheint als erster gezeigt zu haben, wie man diese fundamentale Operation der Geographie ausführt. Ohne sein Observatorium zu verlassen, machte er die ersten Vorschläge über den Weg, den man verfolgen müsse, um die Größe der Erde zu bestimmen. Er hatte gelesen oder gehört, daß in Syene an den Tagen der Sonnenwende die Brunnen bis zum Grund erleuchtet seien; daß die senkrecht stehenden Körper mittags keine Schatten werfen. Daraus schloß er, daß Syene unter dem Wendekreis liegen müsse. Die Höhe der Sonne bei Sonnenwende, die er selbst in Alexandria beobachten konnte, gab ihm den Breitenunterschied oder die Zahl der Meridiangrade zwischen den Parallelen der beiden Städte. Der Weg zwischen beiden war etwa 5000 Stadien lang; er führte ungefähr einen Meridian entlang: daraus schloß er, daß der Längenunterschied Null sei. Der Breitenunterschied schien ihm der 50. Teil eines Vollkreises zu sein. Der Umfang der Erde mußte infolgedessen 250000 Stadien sein. Er setzte ihn zu 252000 Stadien an, damit ein Grad die runde Zahl von 700 Stadien enthielte. Diese Resultate sind, wie man sieht, nicht hervorragend genau, sie genügten indessen für die Geographie seiner Zeit. Um auf seinem Globus oder in seinen Karten jeden beliebigen Ort in bezug auf Alexandria aufzuzeichnen, genügte es ihm, die Himmelsrichtung und die Entfernung zu kennen; oder, wenn die Breiten und die Entfernung zweier Orte bekannt war, konnte man sie an die entsprechenden Stellen des Globus setzen. Es war dieses eine wesentliche Unterstützung für die Geographie, die nur ein Mann leisten konnte, der bei vielem Scharfsinn die gesamten Kenntnisse seiner Zeit in sich vereinigte. Einige Neuere haben seinen Messungen eine höhere Genauigkeit zuerteilen wollen, als sie beanspruchen können. Diese Messungen der Alten, von denen wir nur unsichere Überlieferungen besitzen, sind für die, welche die Systematik lieben, sehr bequem. Sie haben alle etwas unbestimmtes an sich, das man nach neuen Beobachtungen bestimmt, oder nach Hypothesen, die man sich macht. Man findet darin alles, was man will, also man kann in ihnen immer nur das lesen, was man aus anderen Quellen weiß, man kann aus ihnen nichts entnehmen, was auch nur im geringsten unsere Kenntnisse fördert. Wenn neuere Forscher nicht ausgeführt hätten, was *Eratosthenes* nur angedeutet hat, würde uns seine berühmte und so oft besprochene Messung nur lehren, daß die Entfernung von Alexandria nach Syene ungefähr der 50. Teil eines Kreises ist. Seine Teilung des Grades in 700 Stadien hat für uns gar keinen Sinn, da uns nichts das Stadion, das er verwendet hat, definiert. Andere Geographen haben den Grad in eine andere Zahl von Stadien eingeteilt, d. h. sie haben die Zahlen von *Eratosthenes* in andere gleichwertige übertragen, wie wir es machen, wenn wir zur Bequemlichkeit des Rechnens die Minuten und Sekunden in Dezimalteile des Grades oder umgekehrt verwandeln. Derartige Änderungen sind belanglos, nur die Form ist geändert, und die verschiedenen Gradmessungen der einzelnen alten Autoren haben eine noch weniger reelle Existenz als die des *Eratosthenes*, von denen sie nur eine Art Übersetzung darstellen. Die des *Posidonius* ist die einzige, über die uns einige Einzelheiten erhalten sind. Aber seine Angaben waren noch viel unbestimmter als die von *Eratosthenes*. *Riccioli* erwähnt mit guten Gründen, daß diese Entfernung von gerade

5000 Stadien zwischen Rhodus und Alexandria, Alexandria und Syene, Syene und Meroe sehr verdächtig ist; es genügt dieses, um zu zeigen, daß jene drei Gradmessungen nur grobe Annäherungen sind, über die so viel und so lange zu streiten sich nicht der Mühe verlohnt. Eine noch ältere Gradmessung ist, wie man sagt, die, welche *Aristoteles* in seinem Werk über den Himmel erwähnt, aber es ist bemerkenswert, daß *Aristoteles* an dieser Stelle nichts darüber erwähnt, daß die Erde wirklich ausgemessen ist. »Die Mathematiker, welche die Größe der Erde zu berechnen versuchen, sagen, daß sie einen Umfang von 400000 Stadien hat.« »Ὅσοι τὸ μέγεθος ἀναλογίζεσθαι πειρῶνται . . .« Würde er sich so ausdrücken, wenn er von einer tatsächlichen Messung reden wollte? Und das Präsens πειρῶνται, sie versuchen, kann man dabei an eine vor *Aristoteles* Lebzeiten unternommene Messung denken?

Und was die Araber für die Erdmessung getan haben, ist noch weniger genau. *Almamun* versammelte, wie man sagt, seine Astronomen in den Ebenen von Sinjar, nachdem sie dort die Polhöhe gemessen hatten, wie, ist nicht gesagt, trennten sie sich in zwei Abteilungen und zogen, die einen nach Süden, die anderen nach Norden, und maßen, so gut sie konnten, den Weg den sie zurücklegten, wobei sie von Zeit zu Zeit die Polhöhe bestimmten, bis sie auf beiden Seiten eine Differenz von einem Grad zwischen ihrer Breite und dem Punkt der Abreise gefunden hatten. Aus dieser Messung der beiden Grade ergab sich ein Wert, welcher noch weniger genau zu sein scheint, als der der Astronomen aus Alexandria*).

Alle diese Messungen waren von der Art, wie die von *Fernel*, über die man am wenigsten gestritten hat, weil *Fernel* nicht so alt ist, und weil seine Gradmessung von Amiens seitdem auf zuverlässigere Art wiederholt ist. Wie die Araber, hat auch er sich nach Norden zu bewegt, bis er die Polhöhe um einen Grad vergrößert fand. Wie *Eratosthenes*, *Posidonius* und die Araber nahm er an, daß sein Weg vollständig auf einem Meridian verlief. Man weiß nicht, ob die Araber sich in dieser Annahme sehr getäuscht haben. Der Fehler betrug bei *Posidonius* 2 Grad in der Länge, bei *Eratosthenes* 3; *Fernel* war glücklicher; Amiens liegt tatsächlich unter dem gleichen Meridian wie Paris, wenigstens ist die Abweichung nur einige

---

*) Sie fanden den Grad zu $56^2/_3$ Meilen. *Paucton*, Metrologie p. 123 behauptet, es müßte $66^2/_3$ heißen.

Minuten. Die geodätische Messung bestand in dem Zählen der Umdrehungen eines Rades seines Wagens. Das Mittel war wenig zuverlässig, die der Griechen ebenso wenig; die der Araber werden nicht besser gewesen sein. Das Resultat von *Fernel* war ziemlich richtig, es war ein glücklicher Zufall. Wenn die Griechen und Araber ebenso glücklich gewesen wären, was aber nicht der Fall ist, so würde man daraus noch keine Folgerungen ziehen können.

Snellius benutzte eine bessere Methode: *Bailli* sagt, daß sie die von *Eratosthenes* und der Alten wäre. Diese Behauptung ist zum mindesten sehr grundlos.

Snellius maß eine Basis, an die er Dreiecke anschloß, er berechnete daraus die Strecke auf dem Meridian und maß die Polhöhen an den beiden Enden. Das entspricht genau der jetzigen Methode, der Unterschied besteht nur in den mechanischen Hilfsmitteln, den Rechenmethoden und der Sorgfalt, die man jetzt anwendet: aber man findet nichts entsprechendes bei den Alten, wenn man sie ohne Voreingenommenheit liest und nicht mehr in ihren Schriften finden will, als sie selbst darin niedergelegt haben.

Riccioli hat, um Gradlängen und den Radius der Erde zu messen, verschiedene Methoden erdacht, welche er sorgfältig in seinem Werk: »Neue Geographie«, beschrieben hat; abgesehen davon, daß sie nur bei sehr kleinen Bogen angewendet werden konnten, hatten sie noch den Nachteil, mehr oder weniger von der astronomischen und terrestrischen Strahlenbrechung abzuhängen. Die verschiedenen Werte, zu denen er nacheinander durch seine verschiedenen Methoden gelangte, bewiesen zur Genüge, daß sie wenig Vertrauen verdienten, und sie sind heute sämtlich aufgegeben. Die einfachste von diesen, die er von *Kepler* übernommen hatte, bestand in der Lösung von folgender theoretisch sehr einfachen Aufgabe: Kennt man die geradlinige Entfernung zweier Orte und die Winkel ihrer Verbindungslinie zum Zenit, so sollen hieraus die Abstände der Orte vom Erdmittelpunkte berechnet werden; eine Aufgabe, die sich darauf reduziert, in einem geradlinigen Dreieck, in welchem man eine Seite und die beiden anliegenden Winkel kennt, die anderen Seiten zu berechnen. Aber es ist klar, daß die terrestrische Strahlenbrechung die beiden Winkel verändert. Man darf sich also auf diese Methode nicht verlassen, und man versteht das, was *Picard* und *Cassini* über sie in ihren Werken über die Messung und Größe der Erde gesagt haben.

Norwood, der zum Teil auf die Methode von *Snellius*, zum Teil auf die von *Fernel* zurückgriff, maß einen größeren Bogen mit größerem Instrumentarium und versuchte, mittels eines Winkelmeßinstrumentes alle Abweichungen der Linie, die er maß, nach den Methoden der Feldmeßkunst auszuwerten, täuschte sich aber, trotz aller Sorgfalt, um etwa 400 Toisen auf einen Grad.

Picard, welcher in Gemeinschaft mit *Auzout* den Astronomen dadurch einen bedeutenden Dienst erwiesen hatte, daß er bei den großen Instrumenten Fernrohr und Mikrometer an Stelle von Dioptern anwandte, benutzte die Methode von *Snellius*, erzielte eine bisher unbekannte Genauigkeit und Sicherheit und lieferte endlich ein Resultat, auf das man sich verlassen konnte, und auf welches man sich 60 Jahre verließ. Später erkannte man indessen, daß er sich in seinem Himmelsbogen um einige Sekunden geirrt hatte; aber infolge eines glücklichen Zufalles kompensierte sich der Fehler dadurch, daß die Länge der Toise, die er anwendete, um ungefähr ein Tausendstel kürzer war als die, welche als Modell für die Toise der Akademie der Wissenschaften gedient hatte. *Picard* erhielt also für seinen Grad von Amiens 57060 Toisen, d. h. 15 Toisen weniger, als wir durch unsere Messung gefunden haben. Aber wenn man seinen Fehler beim Himmelsbogen erkannt hätte, ohne an den Unterschied seiner Toise und der der Akademie zu denken, so hätte sich sein Grad zu 57183 oder 57167 Toisen unter Berücksichtigung der Refraktion ergeben, und der Fehler hätte etwa 100 Toisen betragen; aber er wurde um $^2/_3$ durch die Messungen der Grundlinie bei Villejuif und Juvisi vermindert, die mit soviel Sorgfalt und so zahlreichen Wiederholungen von 1740 bis 1756 angestellt wurde *).

Die Messungen von *Picard* wurden bis Dünkirchen und Collioure durch *Cassini* und *Lahire* fortgesetzt. Dieses neue Unternehmen, das gegen 1683 begonnen und lange Zeit unterbrochen wurde, konnte erst gegen 1718 beendet werden, und das Buch, in der die Einzelheiten aller Operationen enthalten sind, wurde in den Abhandlungen der Akademie für das gleiche Jahr gedruckt.

Diese ganze Arbeit beruhte auf der Grundlinie von *Picard*.

---

*) Degré du méridien entre Paris et Amiens, von Maupertuis, Clairault, Camus und Lemonnier. Paris 1740. S. LIX.

Zur Kontrolle maß man indessen noch zwei andere am Meeresstrand, die eine bei Dünkirchen, die andere bei Perpignan. Bei der ersten fand man nur eine Toise Unterschied zwischen der Berechnung und der Messung; bei der zweiten waren es anfangs drei; indessen wurde nach Anbringung einiger Korrektionen der Unterschied geringer, und man begnügte sich dann, ohne zu erwähnen, in welchem Sinne die beiden Abweichungen lagen, zu erklären, daß Beobachtungen und Rechnungen in genügender Übereinstimmung wären.

Die Größe der Erde war so einigermaßen zuverlässig von den französischen Astronomen bestimmt, und man begann alsbald, über die Form der Meridiane zu streiten.

Huygens und *Newton* hatten aus der Theorie gefunden, daß die Erde nach den Polen zu abgeplattet sein müßte. Die Messung der $8^1/_2$ Grade von Dünkirchen bis Collioure deutete auf eine Verlängerung hin: ein Resultat, das nicht nur den Folgerungen aus der von *Richer* beobachteten Verringerung der Länge des Sekundenpendels am Äquator widersprach, sondern auch den Beweisführungen von *Huygens* und *Newton*. *Mairan* versuchte in den Abhandlungen von 1720 alles mögliche, um die Beobachtungen am Pendel und die Gradmessungen miteinander in Einklang zu bringen und zu beweisen, daß beide gleich gut sein konnten. *Desaguliers* behauptete in den Transactions philosophiques, daß die Hypothese von *Mairan* unmöglich wäre. Der Streit nahm kein Ende: Verschiedene Autoren schlugen mehr oder weniger einfache Mittel vor, um die Frage zu lösen; das zuverlässigste war offenbar die Messung von zwei Graden, den einen in der Nähe des Äquators, den andern in der Nähe des Poles. Diese Messungen würden die Abplattung beweisen. Man hatte nicht diese Messungen abgewartet, um Bedenken an der Genauigkeit der in Frankreich ausgeführten zu erheben; man fühlte die Notwendigkeit, sie zu verifizieren. *Cassini*, Graf von Thury, unterzog sich der Aufgabe gemeinsam mit *Lacaille* im Jahre 1739. Ihre Arbeit erschien unter dem Titel Méridienne vérifiée 1744 in den Abhandlungen der Akademie, und es blieb kein Zweifel mehr an der Verlängerung der Grade nach dem Pol zu. Diesen Schluß bestätigte noch die Messung eines Längengrades, die die gleichen Astronomen ausführten. Alles sprach also für die Abplattung: Die Größe dieser allein bot nur noch Stoff zu neuen Untersuchungen, schwierigeren und mühsameren als alle früheren.

Seit dieser Zeit waren mehrere Grade in verschiedenen Ländern gemessen. *Lacaille* am Kap der guten Hoffnung, *Boscowich* im Kirchenstaat, *Beccaria* in Piemont, *Liesganig* in Österreich und Ungarn, folgten mit mehr oder weniger Erfolg den in Frankreich gegebenen Beispielen; endlich maßen *Mason* und *Dixon* einen Grad in Pennsylvanien, ohne ein Dreieck zu verwenden, indem sie die Toise tatsächlich auf den ganzen Bogen der Erdoberfläche auftrugen. Weit davon entfernt, die Unsicherheit zu beseitigen, die über die Größe der Abplattung bestand, war der Vergleich der Messungen nur geeignet, um Zweifel an der Ähnlichkeit und der Regelmäßigkeit der Krümmung der Meridiane zu veranlassen. Dieser Verdacht wurde noch durch die letzten Messungen bestärkt. Später wird man vielleicht einsehen, daß die Breitenkreise sich ebenso wie die Meridiane von Kreisen unterscheiden, und daß die Erde kein genauer Umdrehungskörper ist; aber wenn man den Beweis erlangt, daß alle Teile der Erdoberfläche unregelmäßig gestaltet sind, so wird man wenigstens ungefähr wissen, in welche Grenzen diese Unregelmäßigkeiten sich einschließen lassen, und man kann diese Grenzen mehr und mehr einengen; schon jetzt ist gezeigt, daß, wenn man den Fehler zuläßt, die Erde als elliptisches Sphäroid anzusehen, dieser Fehler für die Praxis völlig belanglos ist.

Diese Gradmessungen und die nicht weniger sorgfältig angestellten Messungen an Pendeln in verschiedenen Gegenden hatten den Gedanken an ein universelles und unveränderliches Maß auftauchen lassen, dessen Original aus der Natur zu wählen wäre. *Picard,* welcher die beiden Operationen miteinander verbunden hatte, um zu allen Zeiten den Wert seiner Toise wieder feststellen zu können, schlug die Pendellänge als ein solches Universalmaß vor, und gab ihm den Namen astronomischer Radius. Er versprach, diese Länge und seine Toise sorgfältig in seinem großartigen Observatorium, das soeben fertig geworden war, aufzubewahren. Man mußte es später bereuen, diese kluge und so leichte Vorsichtsmaßregel außer acht gelassen zu haben.

Cassini schlug in seinem Werke: »Über die Größe und Gestalt der Erde«, auf Seite 158 und 159 einen geometrischen Fuß vor, der dem sechstausendsten Teil der Minute des Vollkreises entsprechen sollte, oder auch eine Elle von zwei dieser Längen, was der zehnmillionste Teil des Halbmessers der Erde sein sollte, oder auch endlich eine Toise von sechs dieser Fuß, so daß der Grad 60000 Toisen gehabt hätte. Dieser Vorschlag unterschied sich wenig von dem *Moutons*, der in einem in Lyon im Jahre 1670 gedruckten Werke als Einheit die Minute eines Grades vorschlug, die er Meile nannte. Die Unterteilungen dieser großen Einheit waren dezimal, und er nannte sie centuria, decuria, virga, virgula, decima, centesima und millesima, oder stadium, funiculus, virga, virgula, digitus, granum, punctum (Observationes diametrorum S. 427).

Dieser Vorschlag eines aus der Natur entnommenen Universalmaßes fand Beifall und wurde oft wiederholt, aber ohne einen Erfolg; man glaubte ihn damit erledigen zu können, daß man ihn bereits den Alten zuschrieb. *Paucton* sagt auf Seite 102 seiner »Metrologie« ausdrücklich, daß das natürliche Prototyp, auf das die Alten ihre Messungen bezogen hätten, das Maß der Erde sei; und kurz vorher, daß Ägypten diesen authentischen Modul aufbewahre; und auf Seite 109: Die Seite der großen Pyramide, 500 mal genommen, ist genau das Maß des durch die Neueren gemessenen Grades. Aus dieser Hypothese erklärt sich alles mit wunderbarer Leichtigkeit, aber nur wenn man $684^1/_5$ Fuß als Seite der Basis annimmt. Indessen nach Messungen französischer Astronomen und Ingenieure in Ägypten ist diese Seite $716^1/_2$ Fuß, und diese Länge gibt für den Grad 2700 Toisen mehr, als er nach unsern Messungen haben sollte.

Bailli, der seinem Leser ähnliche Gedanken wie *Paucton* entwickelt, spricht wenigstens nur eine wahrscheinliche Vermutung aus (Geschichte der neueren Astronomie, Band I, Seite 156). Die Alten, sagt er, hatten wie wir den Gedanken, ihre Maße unveränderlich zu machen, indem sie sie aus der Natur herleiteten, und dieser Gedanke, der heute noch nicht ausgeführt ist, scheint damals verwirklicht gewesen zu sein. Wie *Paucton* nimmt er als Grundmaße seines Systems die Seite der Pyramide und die Elle, die er zu 20,54 Zoll ansetzt. Indessen ist nach unsern Ingenieuren die Elle des Nilmessers 19,992 Zoll und die Seite der Pyramide $716^1/_2$ statt $684^1/_5$ Fuß. Wir wollen keine weiteren Betrachtungen über alle diese auf so schwachen Fundamenten erbauten Systeme anstellen; es ist aber bedauerlich, daß so viele Autoren sich bemüht haben, in den Werken der Alten alles das zu finden, was die Neueren in besserer Art besitzen, und sich nicht mehr damit beschäftigt haben, die späteren Entdeckungen vorzubereiten, welche diese Werke zweifellos auch enthalten, und uns das zu lehren, was wir noch nicht wissen.

Wie es sich auch endlich mit allen diesen Vermutungen

verhalten mag, die Maße, welche bei den alten Völkern, deren Geschichte wir kennen, verwendet wurden, mögen als Ursprung die Arbeiten eines unbekannten Volkes gehabt haben, von dem Erinnerungen nicht einmal bis zu den Griechen und Römern gelangt sind; der Gedanke eines universellen, aus der Natur abgeleiteten Maßes mag den Neueren zu verdanken sein oder mag in vorhistorischer Zeit verwirklicht sein: endlich sehen wir ihn glücklich ausgeführt. Er ist von allen guten Erfolgen der französischen Revolution derjenige, welchen wir am wenigsten teuer erkauft haben werden, und wenn diese große Veränderung einige Widersprüche hervorgerufen hat, so kamen sie einzig von jenem Geist der Trägheit und Gleichgültigkeit, welcher stets zu Beginn die nützlichsten Neueinrichtungen bekämpft.

Seit langer Zeit hatte die erstaunliche und ärgerliche Verschiedenheit unserer Maße Widerspruch der besten Köpfe hervorgerufen; mehr als einmal hatte man der Regierung Reformvorschläge unterbreitet, die sie prüfen ließ; aber trotz der günstigsten Berichte, trotz des guten Willens der Minister und besonders des Generalkontrolleurs der Finanzen *Orry*, waren diese Vorschläge stets verworfen oder in Vergessenheit geraten. Im Jahre 1788 wurde der Wunsch nach gleichartigen Maßen in den Instruktionen einiger Abgeordneten erwähnt, einige Gelehrte äußerten sich dazu [1]). Die Geister waren damals geneigt, alle nützlichen Reformen mit Enthusiasmus aufzunehmen. Das unstimmige System unserer Maße hatte, abgesehen von den tatsächlichen Schwierigkeiten, den Grundfehler, welcher seine Aufhebung beschleunigte: der Wirrwarr, der darin herrschte, war zum großen Teil ein Werk der Feudalität, die niemand mehr zu verteidigen wagte, und deren Spuren man überall verschwinden lassen wollte. Dieses einzige glückliche Zusammentreffen der Umstände erwirkte im Jahre 1790 dem Vorschlag von *Talleyrand*, der heute Minister der auswärtigen Angelegenheiten ist, eine günstige Aufnahme in der konstituierenden Versammlung. Am 6. Mai erstattete *Bonnai* seinen Bericht, und am 8. des gleichen Monats faßte die Versammlung den Beschluß, nach dem »der König gebeten wurde, an S. M. den König von England zu schreiben und ihn zu bitten, das englische Parlament zu veranlassen, mit der Nationalversammlung gemeinsam an der Festsetzung der natürlichen Einheit von Maß und Gewicht mitzuwirken, damit unter den Auspizien von zwei Nationen Abgesandte der Akademie der Wissenschaften sich in gleicher Zahl mit Mitgliedern der Königlichen Gesellschaft zu London an einem als zweckmäßig befundenen Orte vereinigen können, um unter der Breite von 45 Grad oder jeder andern, die sich als geeigneter herausstellen sollte, die Pendellänge zu bestimmen und daraus ein unveränderliches Modell für alle Maße und Gewichte abzuleiten«.

Der Beschluß wurde am 22. August sanktioniert. Die Akademie ernannte eine Kommission, die sich aus *Borda, Lagrange, Laplace, Monge* und *Condorcet* zusammensetzte. Ihr Bericht wurde in den Abhandlungen der Akademie der Wissenschaften im Jahre 1788 Seite 7 veröffentlicht und datiert vom 19. März 1791. Man findet darin die Gründe auseinandergesetzt, welche zugunsten der drei verschiedenen Einheiten, zwischen denen die Wahl getroffen werden konnte, sprachen. Die erste Einheit ist das Sekundenpendel. Die Kommission glaubte, daß man das unter 45° Breite schwingende wählen müßte, aus dem Grunde: »weil es das arithmetische Mittel von allen Pendeln ist, die alle ungleich lang sind und unter den verschiedenen Breiten Sekunden schlagen; aber man kann im allgemeinen dazu bemerken, daß die Pendellänge ein heterogenes Element in sich schließt, die Zeit, und ein willkürliches, die Einteilung des Tages in 86 400 Sekunden. Indessen ist es möglich, eine andere Längeneinheit zu finden, die nicht von einer anderen Einheit abhängt. Diese Einheit, die von der Erde selbst abgeleitet ist, wird den anderen Vorzug haben, daß sie vollkommen allen tatsächlichen Maßen entspricht, die man auch im täglichen Gebrauche auf die Erde bezieht, wie die Entfernung zwischen zwei Punkten ihrer Oberfläche oder die Größe von Teilen dieser Oberfläche. Es ist auch viel natürlicher, die Entfernung zweier Punkte auf ein Viertel eines der Kreise der Erdoberfläche zu beziehen, als auf die Länge eines Pendels«.

Die Kommission entschloß sich für diese Art der Einheit und konnte nun nur noch zwischen dem Viertelkreis des Äquators oder eines Meridians wählen; dieses sind die beiden anderen Einheiten, die wir oben erwähnt haben.

»Die regelmäßige Form des Äquators ist nicht sicherer als die Ähnlichkeit oder regelmäßige Form der Meridiane; die Größe des Himmelsbogens, die der auszumessenden Strecke entspricht, kann weniger genau bestimmt werden; endlich kann man sagen, daß jedes Volk an einem der Meridiane der Erde wohnt, aber nur ein Teil am Äquator.«

»Das Viertel des Meridians sollte also die tatsächliche Einheit werden, und der zehnmillionste Teil davon die gebräuchliche. Man würde auf die übliche Teilung des Meridianquadranten in Grade, des Grades in Minuten, der Minute in Sekunden verzichten; aber man konnte die alte Teilung beibehalten, ohne der Einheit des Maßsystems zu schaden, da die Dezimalteilung, die der arithmetischen Skala entspricht, für die gewöhnlichen Messungen vorzuziehen ist, und man würde so für die Längenmessungen zwei Systeme der Unterteilung haben, von denen das eine für umfangreiche Messungen, das andere für kleine das zweckmäßige ist. Die Meile zum Beispiel kann nicht gleichzeitig ein einfacher Bruchteil eines Grades und das Vielfache einer Toise in runden Zahlen sein. Die Unbequemlichkeiten dieses doppelten Systems würden ewig dauern, die des Wechsels schnell vorübergehen.«

»Wenn man diese Grundsätze annimmt, führt man nichts Willkürliches in das Maßsystem ein, als nur die arithmetische Skala, nach der seine Unterteilungen sich notwendig regeln müssen; auch für die Gewichte wird keine willkürliche Annahme gemacht, als nur die Wahl der homogenen und leicht neu beschaffbaren Substanz, die sich immer in dem gleichen Grade der Reinheit und Dichte reproduzieren lassen muß, auf die man die Gewichte anderer Körper bezieht, wie z. B. wenn man als Ausgangssubstanz destilliertes Wasser wählt, das im leeren Raume gewogen oder auf den leeren Raum reduziert wird und bei der Temperatur verwendet wird, bei der es aus dem festen in den flüssigen Zustand übergeht.«

»Wir schlagen also vor, sofort einen Meridianbogen von Dünkirchen bis Barcelona zu messen, ein Bogen, der etwas über $9^1/_2{}^\circ$ umfaßt; dieser Bogen dürfte von genügend großer Ausdehnung sein, und er enthält etwa 6° nördlich und $3^1/_2{}^\circ$ südlich von der mittleren Breite. Zu diesen Vorteilen kommt noch der, daß seine beiden Endpunkte gleichzeitig in Meereshöhe liegen. Um dieser letzten Bedingung zu genügen, die den Vorteil hat, unveränderliche und durch die Natur bestimmte Höhenpunkte zu bieten, um den gemessenen Bogen zu vergrößern, um ihn auf eine gleichmäßige Art zu verteilen, um ihn endlich bis über die Pyrenäen hin auszudehnen und sich damit den möglichen Einflüssen des Gebirges auf die Instrumente zu entziehen, schlagen wir vor, ihn bis Barcelona auszudehnen.«

»Die notwendigen Arbeiten würden hierfür also sein: 1. Den Breitenunterschied zwischen Dünkirchen und Barcelona zu bestimmen und überhaupt alle astronomischen Messungen auszuführen, die sich als nützlich erweisen. 2. Die alten Grundlinien zu messen, die für die Gradmessung bei Paris und für die Arbeiten zur Karte von Frankreich verwendet sind. 3. Durch neue Beobachtungen die Dreiecksketten zu bilden, die zur Meridianmessung verwendet sind, und sie bis Barcelona fortzusetzen. 4. Unter 45° Beobachtungen darüber anzustellen, durch die festgestellt wird, wieviel Schwingungen in einem Tage, im leeren Raum, in Meereshöhe, bei der Temperatur des schmelzenden Eises ein einfaches Pendel macht, dessen Länge gleich dem zehnmillionsten Teil des Meridianquadranten ist, damit man, wenn diese Zahl einmal bestimmt ist, dieses Maß aus Pendelbeobachtungen wiederfinden kann. Man vereinigt hierdurch die Vorzüge des Systems, das wir gewählt haben, mit dem, das die Pendellänge als Einheit aufstellte. Diese Beobachtungen können angestellt werden, bevor jener zehnmillionste Teil bekannt ist, denn kennt man die Schwingungszahl eines Pendels bekannter Länge, so genügt es späterhin, die Beziehungen dieser Länge zu jenem zehnmillionsten Teil zu kennen, um hieraus die gesuchte Zahl mit Sicherheit ableiten zu können. 5. Durch neue sorgfältig angestellte Versuche das Gewicht eines gegebenen Volumens destillierten Wassers im leeren Raum beim Gefrierpunkt festzustellen. 6. Endlich auf die jetzt vorgeschlagenen Längenmaße alle im Handel gebräuchlichen Längen-, Flächen- und Hohlmaße, sowie die verschiedenen Gewichte, die im Gebrauch sind, zu reduzieren, um später, wenn die neuen Maße bestimmt sind, mittels einfacher Regeldetrirechnungen sie durch diese ausdrücken zu können.«

»Wir haben nicht geglaubt, die Mitwirkung anderer Staaten abwarten zu müssen, weder zur Entscheidung über die Wahl der Maßeinheit, noch zum Beginn der Messungen. Denn wir haben bei der Wahl jede Willkür ausgeschaltet; wir haben nur Elemente angenommen, die für alle Völker gleichartig sind. Die Wahl des 45. Breitenkreises ist nicht durch die geographische Lage von Frankreich bestimmt; dieser ist nicht als ein fester Punkt des Meridians betrachtet, sondern nur als der Punkt, an dem die mittlere Länge des Sekundenpendels und die mittlere Länge eines bestimmten Bruchteils des Meridians einander entsprechen. Endlich haben wir den Meridian allein gewählt, auf dem man einen Bogen findet, der die Meereshöhe ausnutzt, und durch den mittleren Breitenkreis geschnitten wird, ohne indessen von so großer Ausdehnung zu sein, daß er die

Messung zu schwierig macht. Man findet also in diesen Vorschlägen nichts, was auch nur den geringsten Einwand einer Art von Bevorzugung gestatten kann.«

»In einem Wort, wenn jede Erinnerung an diese Arbeiten verschwinden würde, und nur die Ergebnisse erhalten blieben, so würden diese keine Handhabe bieten, um das Volk feststellen zu können, das den Plan dazu gefaßt und diesen in die Tat umgesetzt hat.«

Die Kommission schlug der Akademie vor, sechs verschiedene Kommissionen für die sechs verschiedenen Arbeiten des Vorschlages zu ernennen. Aber vor allem mußte das Projekt der Nationalversammlung unterbreitet werden. Das wurde unverzüglich ausgeführt, denn das Dekret, das den durch die Akademie vorgeschlagenen Plan billigte, datiert vom 26. März 1791; die Sanktionierung erfolgte vier Tage danach. Das Gesetz bestimmte außerdem, daß der König die Akademie der Wissenschaften mit der Ernennung der Kommissare beauftragen sollte, die sich unverzüglich mit jenen Arbeiten beschäftigen sollten, besonders mit der Messung des Meridianbogens zwschen Dünkirchen und Barcelona.

Die verschiedenen Kommissionen wurden auch sofort ernannt, wie aus einer Schrift mit dem Titel: »Bericht über die Arbeiten der Akademie über den Plan der Gleichförmigkeit von Maß und Gewicht« (Abh. von 1788, Seite 17) hervorgeht; man glaubte indessen nur, eine Kommission mit den astronomischen und geodätischen Arbeiten beauftragen zu müssen, die zur Bestimmung der Größe des Meridians dienen sollten.

Man beschäftigte sich ohne Verzug mit den zu den verschiedenen Arbeiten notwendigen Instrumenten. Der Versuch, den man mit dem Repetitionskreis bei der Verbindung der Messungen von Paris und Greenwich im Jahre 1787 gemacht hatte, und der Erfolg, den mit ihm *Borda*, *Cassini* und *Méchain* bei der Messung der Sonnen- und Sternhöhen erzielt hatten, bewiesen, daß dieses infolge der kleinen Dimensionen so handliche Instrument vorteilhaft die großen Sektoren und Viertelkreise, die man bis dahin verwendet hatte, ersetzen konnte. Es existierte indessen nur ein solches Instrument, das im Jahre 1787 geprüft war; es war außerdem fast vollständig unbenutzbar. Der Mechaniker *Lenoir* begann, vier andere von etwas größerem Radius zu konstruieren. Er fertigte außerdem die großen Platinmaßstäbe an, die zur Messung der Grundlinien gedient haben, einen weiteren Maßstab aus Platin für die

Pendelbeobachtungen, zwei Kugeln aus Gold und aus Platin für den gleichen Zweck, endlich arbeitete er mit *Borda* und *Lavoisier* an allen Versuchen über die relative Ausdehnung von Platin und Messing mit[2]).

Am 15. Juni 1792 begannen *Cassini* und *Borda* im Observatorium mit den Pendelmessungen und setzten sie bis zum 4. August fort. Ihr Apparat war an der Mauer befestigt, die heute die beiden Quadranten des Mauerkreises trägt. Die Versuche über die relative Ausdehnung von Messing und Platin wurden im folgenden Jahre vom 24. Mai bis 5. Juni in dem Garten des Hauses, das *Lavoisier* damals am Boulevard Nouvelle Madelaine besaß, ausgeführt, und die Begrenzungspfeiler, die man dazu fest aufgebaut hatte, sind so stehen geblieben, wie man ihre Erhaltung für nützlich hielt. Man kann die Einzelheiten dieser verschiedenen Versuche aus zwei Abhandlungen von *Borda* entnehmen.

Fünfzehn Monate waren seit dem Erlaß des Gesetzes, das die Messung des Meridians befohlen hatte, vergangen. Der Mechaniker, der durch andere Arbeiten, wie wir oben erwähnten, beschäftigt war, hatte erst die vier Repetitionskreise und einige Signale mit parabolischem Spiegel beendet, die als Signale in der Nacht in Fällen, wo die gewöhnlichen Signale zu schwierig zu sehen waren, sei es infolge der großen Entfernung, oder von Nebel, Verwendung finden sollten. Eine Proklamation des Königs, die in der Absicht, uns unsere Arbeiten zu erleichtern, erlassen war, um unsere Signale, Leuchtspiegel und Beobachtungsgestelle unter den besonderen Schutz der Verwaltungsbehörden zu stellen, diese Proklamation, eine der letzten Akte einer zu Ende gehenden Herrschaft, wurde uns erst am 24. Juni zugestellt, also zu einer Zeit, wo sie nur vorübergehenden Nutzen haben konnte; bald darauf wurde sie in unseren Händen nur ein bloßer Titel, der, anstatt uns zu nützen, uns nur verdächtig machte.

Méchain reiste am 25. mit den beiden ersten vollendeten Kreisen ab. Er hatte den speziellen Auftrag, den südlichen Teil des Meridians zu messen. Wir waren übereingekommen, daß er die 170000 Toisen von Barcelona bis Rodez messen sollte. Mein Auftrag war die Messung der 380000 Toisen von Rodez bis Dünkirchen. Der Grund für diese ungleiche Teilung war der, daß der spanische Teil vollkommen neu war, während der Rest schon zweimal gemessen war, und wir waren überzeugt, daß jener viel mehr Schwierigkeiten bieten würde.

Wir wußten nicht, daß die größten sich bei uns, vor den Toren von Paris selbst, finden würden. *Méchain* machte bald diese traurige Erfahrung; er wurde an der dritten Poststation durch aufrührerische Bürger angehalten, die in allem nur Komplotts und Pläne einer Gegenrevolution sahen, und es kostete ihm viel Mühe, sich ihren Händen zu entziehen; die Behörden und städtischen Beamten hatten noch nicht allen Einfluß auf die Gesinnung des Volkes verloren; sie erwirkten dem Gesetze Achtung, und *Méchain* konnte seine Reise fortsetzen. Je weiter er vordrang, desto weniger Hindernisse fand er. Die Gegenwart von zwei spanischen Beamten, die ihn bei seinen Reisen an der Grenze der beiden Länder begleiteten, beunruhigten indessen die französischen Dörfer. Er sah sich gezwungen, die Beobachtungen an zwei Stationen an der Grenze auf spätere Zeit zu verschieben, und erst jenseits der Pyrenäen fand er keinen Widerstand. Durch den Vermessungsingenieur *Tranchot* unterstützt, der sich vorteilhaft durch seine Karte von Korsika bekannt gemacht, und den er zu seinem Assistenten gewählt hatte, hatte er bald alle geeigneten Stationen für die Hauptpunkte seiner Dreiecke ausfindig gemacht. Seine Signale waren bald aufgebaut: vom 13. September konnte er mit der Messung der Winkel an der Station Notre Dame du Mont beginnen. Die Winkel bei Puy se Calm, Roca-Corba, Rodos, Mont Serrat, Valvidrera folgten schnell. Die Messung der Winkel bei Matas und Matagalls hatte er *Tranchot*, *Chaix*, *Planez* und *Alvarez* anvertraut. Endlich, am 29. Oktober beendete er die Station Citadelle von Montjoui südlich von Barcelona, die letzte und südlichste der Meridianmessung. Hier entschloß er sich, den ganzen Winter mit der Messung der Breite und des Azimuts zuzubringen.

Ich traf ähnliche glückliche Verhältnisse in Frankreich nicht. Vom 26. Juni ab besuchte ich mit einem meiner beiden Kreise und auf die Fertigstellung des zweiten wartend, die Paris am nächsten liegenden Stationen. Sie boten mir weitaus mehr Schwierigkeiten, als ich erwartet hatte. Beim Montmartre, wo ich zuerst hinfuhr, fand ich an Stelle eines allseitig offenen Turmes, von dem man im Jahre 1740 vom Zentrum aus alle Objekte der Umgegend beobachten konnte, nur einen zerstörten Turm, der niedriger als das Dach der Kirche war, von welchem man unmöglich auch nur eine Messung machen konnte. Ich ahnte nichts von dieser Veränderung, über die mir niemand Aufschluß geben konnte, und sie wurde mir erst einige Jahre später durch einige Stiche erklärt, die die Umgegend von Paris darstellten, die von *Milcent* im Jahre 1735 gezeichnet und gestochen und von dem Drucker *Desrochers*, Rue du Foin-Saint-Jaques, veröffentlicht waren. Man sieht darauf sehr deutlich auf dem Dach der Kirche eine schöne Turmspitze, deren Basis eine offene Laterne ist, in der die Astronomen sich offenbar 1740 aufgestellt haben. Ich mußte damit auf diesen so vorteilhaft gelegenen Punkt verzichten, und mein erster Gedanke war, das Pantheon dafür auszuwählen. *La Rochefoucault*, der damals Präsident des Departements Paris war und gleichzeitig Präsident der Akademie der Wissenschaften, bot mir alle seine Unterstützung an, soweit sie in seiner Macht läge, und benachrichtigte mich, daß man Veränderungen an diesem Dome vornehmen wolle. Dieser unangenehme Zufall führte mich zu anderen Plänen. Der erste war, mich eines an dem Ende von Montmartre neu gebauten Belvedere zu bedienen, aber von Dammartin aus gesehen, verschmolz es zu sehr mit den umliegenden Gebäuden, ich ersetzte es durch den Invalidendom, aber er war von Saint-Martin du Tertre unsichtbar, und ich war nach all den vergeblichen Versuchen gezwungen, auf das Pantheon zurückzukommen. Der Turm von Monthléri war in dem gleichen Zustand wie zur Zeit von *Picard* und *Cassini*, aber er ist zu breit und unregelmäßig, um eine gute Einstellungsmarke zu geben, ich ließ eine neue, sechs Toisen vom Turm entfernt bauen, die am gleichen Tage zerstört wurde. Der Prokurator der Gemeinde ließ es auf Kosten des Urhebers der Zerstörung wieder aufbauen, was aber nicht hinderte, daß es einige Zeit danach wieder umgestürzt und in Stücke gebrochen wurde.

Malvoisine hatte keine Veränderung erlitten, aber die Bäume, die das Gut umgaben, machten die Beobachtung des Schornsteins, der im Jahre 1740 als Einstellungsmarke gewählt war, sehr schwierig. Nach dem aber, was *Méchain* in der Nähe erlebt hatte, und was mir selbst in Montlhéri zugestoßen war, riet ich nicht dazu, ein Signal auf dem Dach des Hauses aufrichten zu lassen, wie ich es einige Jahre später habe machen lassen; ich ließ den Schornstein um 6 Fuß höher bauen. Torfou und Brie boten keine Schwierigkeit. Der Turm von Montjai war zur Zeit von *Picard* derart dem Einsturz nahe, daß er ihn nicht zum zweiten Male hatte besteigen wollen, um einen Fehler von 10″ in seinen Dreiecken nachzuprüfen. *Cassini* und *Lacaille* bestiegen ihn dennoch im Jahre 1740 und bauten ein Signal 14 Fuß östlich der Ruinen*). Aber es ist schwer zu sagen, ob der östliche Teil des Turmes stets gleich gewesen ist, oder ob der Turm in den 52 Jahren einen Teil dieser Seite verloren hat. Sicher ist nur, daß die Hälfte der Umfassungsmauer gänzlich zerstört ist, und daß von ihr nichts übrig ist, was sich über den Erdboden erhebt. Die erhaltene Hälfte ist sehr unregelmäßig. Die Mittel, um zur Spitze des Turmes zu gelangen, schienen für den Beobachter und die Instrumente sehr gefährlich; der Wunsch aber, so weit wie möglich die alten Dreiecke nachzuprüfen, ließ mich diese Schwierigkeiten überwinden, und man mußte mir ein Signal wie im Jahre 1740 an der Ostseite des Turmes bauen; aber als der Zimmermeister an die Arbeit gehen wollte, hinderten ihn die Bewohner, mit Gewehren bewaffnet, daran, und man wird später sehen, welche Unannehmlichkeiten uns dieses Signal verursacht hat, das immer nur im Projekt existiert hat.

Der Turm von Saint-Martin du Tertre drohte, obwohl er 1745 neu erbaut war, derart mit dem Einsturz, daß man die Glocken aus ihm entfernte, bis auf eine, die man aber nicht läuten konnte, ohne das Gebälk und das Mauerwerk auf eine angsterregende Art zu erschüttern.

Der von Dammartin sollte auch nicht erhalten bleiben. Die Kirche war verkauft, und der Eigentümer wollte ihn niederreißen, wie er es auch einige Zeit danach getan hat. Es wäre schwer gewesen, ihn zu ersetzen. Dieser Umstand bewog mich, meinen Plan zu ändern und mit den Stationen um Dammartin zu beginnen.

Alle diese Versuche und viele andere, die ich ihres geringen Erfolges wegen nicht erwähne, beschäftigten mich bis zum 15. Juli.

Mein zweiter Kreis war inzwischen fertig geworden, aber noch nicht die Leuchtsignale. Da es übrigens unter den augenblicklichen Umständen sehr unklug gewesen wäre, sie zu benutzen, wartete ich nicht auf sie, sondern reiste am 16. Juli nach Compiègne ab.

Die Mühle von Jonquières, die zwei Meilen davon entfernt ist, sollte unsere erste Station werden. Sie war bei der Messung von *Picard* und im Jahre 1740 benutzt worden, und es sei nebenher bemerkt, daß der Winkel bei Clermont bei *Picard* um 32″ größer ist, als bei den Verfassern des »Méridienne verifiée.«

---

*) Picard berichtet, daß nur eine Hälfte des Turmes übrig war.

Der Winkel bei Jonquières ist um 22″ kleiner, und *Picard* hat den dritten Winkel, infolge der Unmöglichkeit, seinen Viertelkreis in dem Turm von Coivrel unterzubringen, berechnet. Aber Mühlen sind im allgemeinen schlechte Signale, weil die Achse, um die man sie dreht, selten im Zentrum des Bildes liegt, und der Winkel damit von der Windrichtung abhängt. *Méchain* hatte diese Erfahrung 1787 an der Mühle von Fiennes gemacht, und ich das gleiche bei Brie, an der Mühle von Fontenai. Um diesen Übelstand zu vermeiden, ließ ich ein Signal 42 Fuß von der Achse der Mühle bauen. Ich erfuhr später, daß diese Mühle abbrannte, und ich glaube nicht, daß sie wieder aufgebaut worden ist.

Bei unserer Ankunft in Jonquières am 18. wurden wir freundlich empfangen. Der Bürgermeister des Ortes erteilte uns, obwohl er keine Kenntnis von dem Gesetz über unsere Messungen und der Bezirk ihn versehentlich von der Proklamation des Königs nicht benachrichtigt hatte, jede Erlaubnis, um die wir ihn baten, und am selben Tage noch begannen wir mit unseren Messungen. Ich hatte in dem Dorfe einen genügend alten Mann suchen lassen, um Mitteilungen über die Messungen von 1739 zu erhalten. Um die guten Bauern zu beruhigen, die sich allmählich um uns versammelten, ließ ich den Alten alles erzählen, was er von den damaligen Messungen gesehen hatte; seine naiven Mitteilungen, die für mich sehr interessant waren, brachten nur einen Teil der beabsichtigten Wirkung auf die Zuschauer hervor. Es begann ein Gemurmel, und der gesamte Rat der Stadt erschien, um uns die Besorgnisse der Einwohner auszusprechen, und uns bat, die Messungen zu unterbrechen, bis die Verwaltung des Departements um Rat gefragt sei. Ich bot es ihnen an, am gleichen Abend abzureisen, um in Beauvais die ausdrückliche Erlaubnis zu erwirken, welche die Bedenken zerstreuen sollte. Man erleichterte mir die Reise nach Möglichkeit. Der Präsident des Oise-Departements war damals *Dauchi*, heute Staatsrat und Präfekt von Marengo, vorher Mitglied der Nationalversammlung, der sogar Präsident von ihr gewesen war, als sie ein auf die Messungen bezügliches Dekret erlassen hatte. Er gab mir den gewünschten Befehl für den Stadtrat und außerdem an den Pfarrer, den er kannte, eine nachdrückliche Empfehlung. Mit diesen beiden Schriftstücken versehen, wurde ich in allen Ehren von unseren guten Bauern aufgenommen, die in den 5 Tagen, die wir in Jonquières blieben, alles für uns taten, was sie konnten. Wir erlebten keine andere Störung, als die, daß wir unsere Messungen nicht mit denen von 1740 an dem Turm von St. Martin du Tertre in Einklang bringen konnten. Wir wußten noch nicht, daß der Turm seine Lage verändert hatte.

In Clermont wurde ich noch gezwungen, das Zentrum der Station zu ändern, nicht um 42 Fuß wie bei Jonquières, sondern um $13^1/_2$. An Stelle der schönen Spitze, welche sich 67 Fuß hoch über den quadratischen Glockenturm erhob, der von allen Seiten sich gegen den Himmel abzeichnete, fand ich nur noch die Mauern des Turmes und an der einen Ecke ein Türmchen, das sich $8^1/_2$ Fuß über die Einfassung erhob. In Ermanglung von etwas besserem, mußte ich dieses als Signal nehmen. Seine geringe Höhe machte eine gute Beobachtung schwierig, da es sich auf die benachbarten Gegenstände projizierte, von denen es schlecht zu unterscheiden war.

So sah ich zum zweiten Mal die Hoffnung schwinden, meine Winkel mit denen der früheren Messungen vergleichen zu können. Außer der Änderung des Zentrums der Station Clermont hatten von fünf Objekten, die ich beobachten sollte, drei ihren Platz geändert, so daß ich, wenn man die ziemlich unsicheren Reduktionen berechnet hatte, nur Summen oder Differenzen von Winkeln hätte vergleichen können und keinen tatsächlich gemessenen Winkel. Abgesehen davon hatte die Station keine andere Unbequemlichkeit als das schlechte Wetter. Die Station Saint-Christophe war in allen Punkten angenehm. In Dammartin war es aber nicht ebenso. Wir hielten uns dort nicht lange auf, ohne die Unmöglichkeit, von dort das Belvedere Flécheux beobachten zu können, einzusehen, das ich an Stelle des Turmes von Montmartre nehmen wollte. Am Morgen des 10. August reiste *Lefrançais Lalande*, der jetzt Mitglied des Instituts ist und mich bei diesen Messungen unterstützen wollte, nach Paris ab, um am Abend bei Montmartre ein Leuchtsignal in Flécheux anzuzünden. Wir beide wußten nicht, was sich in den Tuilerien zutrug. Ich wartete auf dem Turm vergeblich bis abends 10 Uhr. Ich bemerkte kein anderes Licht als das der brennenden Häuser auf dem Karussellplatz. *Lalande* hatte wohl nach Paris hinein dürfen, aber man ließ niemand heraus. Er hatte am folgenden Tag große Mühe, sich einen Paß zu beschaffen, um die Grenze passieren zu dürfen. Er zündete das Leuchtsignal an, das wir um $8^1/_2$ Uhr bemerkten. Diese Art von Signale war unter den damaligen Umständen nicht ohne Gefahr. Am 12. und 13. sahen wir nichts. Am 14.

wurde das Signal von neuem angezündet, sein Licht war sehr unruhig. Aber das war nicht das größte Hindernis. Man brauchte zwei ähnliche Signale bei Saint Martin du Tertre und bei Saint Christophe.

Glücklicherweise hatten wir sie nicht. Man kann nicht wissen, welches die Ergebnisse von solchen unvorsichtigen Versuchen gewesen wären. Ich fühlte die Notwendigkeit, ein anderes Objekt zu wählen, und versuchte es mit dem Invalidendom. Der Zimmermeister, der beauftragt war, ein Signal auf dem Turm von Montjai aufzubauen, brachte mir die Nachricht von dem Widerstand, den er gefunden hatte. Ich reiste sofort nach Meaux in der Hoffnung, daß die Verwaltung des Distrikts das Hindernis würde beseitigen können. Man hatte keine offizielle Kenntnis von der Proklamation. Man sagte mir, daß man die Einwohner nicht zwingen könne, sich meine Beobachtungen gefallen zu lassen; man könne ihnen nur dazu zureden, indem man ihnen sage, daß nichts dabei sei, was sie beunruhigen könne. Man gibt mir Briefe in diesem Sinne an den Bürgermeister von Montjai. Sie werden bei der Predigt verlesen und haben nur die Wirkung, daß sie die Einwohner in ihrem Widerstand bestärken. Die Unruhe unter ihnen wird größer. Sie vereinigen sich mit denen der benachbarten Gemeinden, besonders mit den Bewohnern von Lagni, um wirksamer Widerstand leisten zu können, wenn man Gewalt brauchen wollte. Ich suchte ein anderes Objekt, das diesen Turm ersetzen könne, zu dem der Zugang mir untersagt war, und den zu besteigen ich mich selbst nicht sonderlich freute. Bei der Prüfung des Horizonts bemerke ich die Mühle von Belle-Assise, die 1740 beobachtet war. Ich würde mir nicht die Erlaubnis verschaffen können, dort ein Signal zu errichten, auch lag der Ort zu nahe an Montjai, als daß man mich dort in Ruhe gelassen hätte. Das Schloß von Belle-Assise fällt von weither durch einen schönen Pavillon auf, dessen pyramidenförmiges Dach ein vorzügliches Signal bietet. Wie konnte ich es besser treffen! Mit den Briefen des Distrikts für den Rat des Ortes versehen, stelle ich mich in Belle-Assise ein und habe das Glück, die Messung der Winkel zu beenden, ohne bemerkt zu sein. Aber in dem Augenblick, in dem wir uns zur Abreise rüsten, will eine Abteilung der Nationalgarde von Lagni das Schloß untersuchen. Man erkennt uns und erinnert sich, daß wir ein Signal in Montjai aufstellen wollten. Wir müssen mitgehen, und man schleppt uns durch einen fürchterlichen Regen querfeldein. Um Mitternacht kommen wir in Lagni an. Ich zeige unsere Proklamation vor und die besonderen Befehle des Distrikts Meaux. Darauf wurde nichts erwidert. Der Rat schließt uns, zweifellos zu unserer eigenen Sicherheit, in der Herberge zum Bären ein, mit zwei Füsilieren, die die ganze Nacht vor unserer Türe wachen. Wir erhalten nur die Erlaubnis, am nächsten Tag in der Frühe einen Expreßboten nach Meaux zu senden. Die Antwort kommt am gleichen Tage, und man gibt uns die Freiheit wieder. Die Reihenfolge der Operationen rief uns nach Saint Martin du Tertre. Die Reise war schwierig, bei jedem Schritt wurden wir angehalten. Alle Ratsversammlungen hielten dauernd Sitzungen ab; vor diesen mußte man erscheinen. Vor uns diskutierte man darüber, ob es klüger wäre, uns weiter reisen zu lassen, oder ob man sich unserer Personen versichern sollte. Mehrere Szenen gleicher Art, welche sich am gleichen Morgen wiederholten, ließen uns die Unmöglichkeit einsehen, mit den Pässen und Befehlen einer Autorität, die nicht mehr existierte, weiter zu reisen. *Lefrançais* wurde beauftragt, nach Paris zu gehen, um neue zu fordern. Ich selbst wollte nicht dahin zurückkehren, da man voraussichtlich mir allgemein sagen würde, daß ich die Messungen auf ruhigere Zeiten verschieben sollte, und ich dachte, daß, wenn sie einmal aufgeschoben würden, man lange Zeit hindurch keine Gelegenheit finden würde, sie wieder in Angriff zu nehmen. Bei der Ankunft in Saint Denis ließ ich meine Pässe visieren und erhielt einen Distriktspaß. Als ich seine Annahme verweigere, sagt mir der Bürgermeister, daß ich mit der Hilfe jenes keine Viertelmeile weit kommen werde. Tatsächlich, eine halbe Stunde danach, als wir Epinai passierten, wurden wir angehalten. Man findet, daß unsere Instrumente nicht deutlich genug in den Pässen beschrieben sind; man will sich ihrer bemächtigen. Man verlangt, ich solle sie auf dem Boden aufbauen und ihre Verwendung erläutern. Niemand hört den Erläuterungen, die ich gebe, zu, und ich muß sie für jeden neugierigen, der des Weges kommt, wiederholen. Vergeblich will ich zwei Feldmesser, die sich zufällig hier befinden, für mich wirken lassen, indem ich ihnen die Verwandtschaft meiner Arbeiten mit denen ihres Berufes auseinandersetze. Sie achten zu sehr auf die Stimmung des Volkes, das sie vergeblich zu unseren Gunsten zu beeinflussen versuchen würden. Sie wagen nicht, für uns Partei zu ergreifen. Nach einer dreistündigen Debatte zwingt man uns, unsere Wagen wieder zu besteigen, die die bewaffnete Wache begleitet. Man führt uns nach Saint Denis. Der Marktplatz war mit Freiwilligen angefüllt, die auf Waffen warteten, um zur Verteidigung der Grenzen abzurücken. Man führt uns durch die Menge hindurch und hetzt sie gegen uns durch die Art, in der man uns ankündigt, auf. Ich verlange, zum Distriktsbureau geführt zu werden, das an diesem Morgen selbst einen Paß für uns ausgestellt hat. Während wir uns dort aufhalten, visitiert man auf dem Marktplatz unsere Wagen. Man findet darin versiegelte Briefe an die Verwaltungen aller Departements die der Meridian durchschneidet. Man will die Siegel erbrechen; die Nationalgarde widersetzt sich dem und weist auf ein Dekret der konstituierenden Versammlung hin. Man hört Rufe. Man verlangt nach dem Bürgermeister und mir. Wir gehen, ohne genau zu wissen, was man von uns will, herab; dabei zeigt mir der Bürgermeister einen Ort, an dem ich mich verbergen soll, und rät mir, einige Augenblicke zu warten, und zu entfliehen zu versuchen, wenn er erst später wiederkomme. Er kehrt zurück und meldet mir, daß augenblicklich keine Gefahr vorhanden sei. Man brauchte mich, um die Siegel zu brechen. Man verliest öffentlich die Briefe. Es war ein Zirkular, durch das das Komitee der Nationalversammlung für den öffentlichen Unterricht uns allen Departementsverwaltungen empfahl. Man hatte schon sechs dieser Briefe gelesen und wollte alle lesen. Der erschöpfte Vorleser bittet um Gnade. Ich schlage vor, einen beliebigen aus allen uneröffneten Briefen auszuwählen; ich behaupte auf meinen Kopf, daß alle gleich sind, und verlange, daß man diese letzte Probe mache, ob sie mit meiner Ankündigung übereinstimmt. Der Vorschlag wird angenommen; aber nach der Prüfung der Briefe beginnt man mit der der Instrumente. Man breitet sie auf dem Markte aus, und da werde ich gezwungen, von neuem den Kursus in der Geodäsie weiter abzuhalten, dessen erste Vorträge ich in Epinai gehalten habe. Man hört mir nicht besser zu. Der Tag ging allmählich zu Ende. Man sah fast nichts mehr. Das Auditorium war sehr zahlreich. Die ersten Reihen hörten zu, ohne zu verstehen, die anderen entfernteren, hörten weniger und sahen nichts. Ungeduldiges Gemurmel begann. Einige Stimmen schlugen eines der so bequemen und in jener Zeit so gebräuchlichen Mittel vor, die mit einem Schlage alle Schwierigkeiten beseitigen und allen Bedenken ein Ende machen. Der Distriktspräsident hatte die glückliche Idee, die Prüfung meiner Instrumente auf den nächsten Tag zu verschieben; aber indem er zu unserer Rettung scheinbar große Strenge walten ließ, befahl er, Siegel an alles, was uns gehörte, zu legen und unsere Wagen nach der Hauptwache zu schaffen. Dann begaben sich alle in den Sitzungssaal der Gemeinde, um ein Protokoll über alles, was geschehen war, aufzunehmen. Man schlug mir vor, an den Präsidenten der Nationalversammlung zu schreiben. Mein Schreiben wurde schon am folgenden Tage verlesen und einem Komitee übergeben, das am gleichen Tage durch den Mund von *Lacépède* ein Dekret vorschlug, welches augenblicklich angenommen wurde und in der Hauptsache bestimmte, allen Verwaltungs- und Stadtbehörden und Nationalgarden aller der Orte, an denen *Méchain* und ich unsere Messungen vornehmen zu müssen glaubten, aufzugeben, darüber zu wachen, daß uns kein Hindernis bereitet würde, und für freien Transport aller uns erforderlich scheinenden Instrumente zu sorgen. Das Dekret erreichte mich am 9. in Saint Denis, wo ich mich seit dem Abenteuer vom 6. verborgen hielt.

So wurde das Aufsehen, das unsere Verhaftung erregt hatte, für uns äußerst nützlich. Das auf meine Beschwerde hin erlassene Dekret war für uns eine ganz andere wirksamere Hilfe als die neuen vom Minister eingeforderten Pässe. Für mich war es Pflicht, ohne Verzug die begonnenen Messungen wieder fortzusetzen. Mit neuem Eifer begann ich sie; aber Regengüsse und Nebel traten ein und störten uns im übrigen Teil des September und dem größten Teil des Oktober. Von Saint Martin du Tertre aus war es uns völlig unmöglich, den Invalidendom zu sehen, obgleich man glauben sollte, daß man diesen von allen Punkten, die wir brauchten, sehen könne.

Da man zu dieser Untersuchung kein geeignetes Winkelmeßinstrument hatte, hatte man wahrscheinlich als Turm von Saint Martin du Tertre irgendein anderes ähnliches in nahezu der gleichen Richtung liegendes Objekt eingestellt; denn als wir die Winkel berechneten, die die Richtungen von Saint Martin du Tertre nach Dammartin, dem Pantheon und den Invalidendom bilden mußten, bemerkten wir eine Erhöhung, die uns den Invalidendom verdecken mußte.

Das Pantheon dagegen war gut sichtbar, und wir beobachteten es. Diese neue Änderung zwang uns, mit den Stationen Dammartin und Belle Assise von neuem anzufangen. Von dort gingen wir nach Montlhéri und Torfou, welche große Mühe verursachten. Der Turm von Mespui war von Malvoisine aus unsichtbar geworden, obwohl ich ihn durch eine Pyramide von 8—10 Fuß hatte erhöhen lassen. Ich wählte den von Forêt Sainte Croix, zwei Meilen von Étampes; aber man mußte sich der Möglichkeit versichern, von dort alle Punkte der Umgebung beobachten zu können. Der Zustand der Atmosphäre war für diese Versuche wenig günstig. Bei sehr kaltem und klarem Wetter brachte ich 10 Tage auf diesem Turme zu, ohne etwas zu sehen. Endlich reinigte ein Regenguß die Atmosphäre und die Station konnte einige Tage später glücklich beendet werden. Es war der 17. Dezember. Es war Zeit, die Messungen in einer so vorgeschrittenen Jahreszeit, wo sie kaum ausführbar sind, zu unterbrechen. Aber die Esse von Malvoisine, die wir um 6 Fuß hatten höher bauen lassen, konnte den heftigen Winden, die im Winter in dieser Höhe so häufig sind, nicht Widerstand leisten. Man mußte wenigstens dieses Signal entbehrlich machen, um zu vermeiden, daß es der Wind auf die Bewohner des Gutes herabstürzte, die sich sehr liebenswürdig zu allem, was wir von ihnen verlangten, bereit gezeigt hatten. Zu diesem Zwecke mußten wir noch die Station Chapelle la Reine erledigen. Dieser allseitig offene Turm war ein für diese Jahreszeit sehr unbequemes Observatorium: Winde, Regen und Schnee wechselten einander ab, um uns zur Verzweiflung zu bringen, und wir mußten einen Turm beobachten, der den ganzen Tag über unsichtbar blieb, selbst wenn der Horizont völlig klar war. Endlich am 31. Dezember, nachdem wir den ganzen Tag über ein ziemlich gleichartiges Objekt, das auf etwa 4 Minuten sich in der Richtung nach dem Turm von Boiscommun befand, beobachtet hatten, sahen wir in dem Augenblick, als die Sonne unter dem Horizont verschwand, diesen Turm darüber plötzlich hervorragen und sich darüber als äußerst zarten Strich abzeichnen. Wir beobachteten, so gut wir konnten, in der Eile, während es dunkel wurde. Vergeblich suchten wir ihn in den nächsten 5 Tagen zu erspähen. Am 6. Januar erschien er wieder, stets zur gleichen Stunde und nur für kurze Zeit.

Wir kamen im folgenden Jahre ungefähr zur gleichen Jahreszeit wieder, um die Messungen zu wiederholen, nachdem wir die Vorsichtsmaßregel getroffen hatten, eine Seite des Turmes von Boiscommun, der oben eine einfache offene Laterne bildet, mit Leinwand abzudecken. Der Turm wurde ebenso erst wieder abends sichtbar. Diese Wirkung der terrestrischen Strahlenbrechung, die zu verschiedenen Zeiten oder zu verschiedenen

Stunden eines Tages entsprechend den Veränderungen der Atmosphäre das gleiche Objekt mehr oder weniger erhebt, es verbirgt oder sichtbar macht, ist sehr auffallend, und wir haben sie mehrfach bemerkt. In Bourges suchte ich vergeblich an den schönsten Sommertagen den Turm von Issoudun, den man 1740 beobachtet hatte. Einige Bäume in der Richtung nach jenem Turm nahmen mir jede Hoffnung. Ich versuchte, ihn am Abend zu suchen, und erblickte ihn so zweimal bei Sonnenuntergang. In Boiscommun zeigte sich der Turm von Chapelle la Reine eines Morgens durch feuchte nebelige Luft höher und dicker als ein Baum, den man gleichzeitig im Fernrohr sah, der gewöhnlich doppelt so hoch aussah als der sichtbare Teil des Turmes. Ebenso sieht man bisweilen von der Küste von Genua oder der Provence die Berge von Corsica sich über den scheinbaren Horizont erheben, als wenn sie aus dem Wasser auftauchen, und ebenso verschwinden, gleich als wenn sie ins Meer versinken. (Abh. der Akad. für 1722.)

Ich hatte Eile, nach Paris zurückzukehren zur Beobachtung auf dem Pantheon. weil diese Beobachtungen sich auf zwei Signale bezogen, die nicht lange bestehen bleiben konnten; nämlich den Turm von Dammartin und die Esse von Malvoisine. Bei meiner Ankunft war ich sehr überrascht, die Laterne, welche den Dom abschloß, nicht mehr vorzufinden. Es war dieses die Veränderung, die mir *La Rochefoucauld* angedeutet hatte. Dieses Mißgeschick verursachte neue Verzögerungen. Wir mußten aus Holz vorübergehend ein Observatorium bauen lassen, das die Laterne ersetzen sollte, deren oberer Teil abgetragen war. Wir erfreuten uns bei dieser Gelegenheit des Entgegenkommens von *Quatremère de Quinci*, des Baumeisters vom Pantheon, der jetzt Mitglied des Instituts ist. Mit seiner Hilfe und den Bemühungen von *Rondelet* erhielten wir in kurzer Zeit ein festes und bequemes Observatorium. Diese Hilfe war uns sehr von Nutzen, um uns ein wenig vor den ebenso kalten wie heftigen Winden zu schützen, welche in dieser Jahreszeit in solcher Höhe fast ständig wehen und sowohl der Genauigkeit der Messungen schädlich sind, als auch den Beobachter dauernd wegen seiner eigenen Sicherheit und der der Instrumente beunruhigen.

Ich bedauerte, daß dieses kleine Observatorium, das uns so nützlich gewesen war, keine längere Existenz haben sollte. Ich bat *Rondelet*, ob es nicht möglich wäre, ohne der Festigkeit und der Dekoration des Neubaues der Laterne Abbruch zu tun, in dem höchsten Teile ein kleines achtfensteriges Observatorium einzurichten, von dem man alle bemerkenswerten Punkte der Umgebung von Paris in einem Umkreise von zehn Meilen beobachten könne. Eine solche gut gelegene und bequeme Station könnte in einer großen Zahl von Fällen von Vorteil sein. Auf die zustimmende Antwort von *Rondelet* trug ich meine Bitte *Quatremère* vor, der ihr ebenfalls zustimmte. Dieses Observatorium existiert noch, und *Tranchot*, der einige Jahre später mit dem Beginn der Katastervermessungen um Paris beauftragt war, hat von ihm guten Gebrauch gemacht.

Unsere Messungen auf dem Pantheon begannen am 10. Februar und wurden erst am 28. beendet. So hatten wir in 8 Monaten, ohne freiwillig einen Augenblick verloren zu haben, nur 14 Stationen erledigen können, während *Méchain* in Spanien, durch besseres Wetter begünstigt und ohne alle Hindernisse, außer denen, die in der Arbeit selbst liegen, in weniger als 2 Monaten 9 Stationen beenden konnte. Er hatte dann mit allem Erfolg und möglichster Sorgfalt die Breite von Montjoui und die Richtung seiner Dreiecksseiten zum Meridian bestimmt. Die drei Sterne, die er zur Breitenbestimmung ausgewählt hatte, waren α und β des kleinen Bären und α des Drachens. Sie lieferten ihm die Resultate, deren äußerste Werte sich nur um 0,2″ unterschieden. Er hatte außerdem ζ des großen Bären beobachtet, der bei seinem Durchgang durch den Meridian südlich vom Pol nur $7^1/_2{}^\circ$ Höhe hat; er gab ihm 4″ weniger; aber der einzige Schluß, den man aus diesen Messungen ziehen kann, ist der, daß bei $7^1/_2{}^\circ$ die Refraktionswerte von *Bradley* nur auf etwa 8″ genau sind.

Er versuchte auch die Beobachtung von β des Stieres und von Pollux, aber diese beiden gehen im Süden durch den Meridian, und man ist gezwungen, einen Wert für die Deklination anzunehmen. Daher ist es nicht erstaunlich, eine Differenz von 1″ und 1,5″ für die hieraus abgeleitete Breite zu finden.

Diese Beobachtungen füllten die Monate Dezember, Januar und Februar aus. Anfang März bestimmt *Méchain* das Azimut des Signals Matas durch Messungen bei Aufgang und Untergang der Sonne, am 7. und 9. nach Distanzen des Polarsternes von einem Leuchtsignal auf der Spitze des Pic de las Agujas.

In der Zwischenzeit fand er noch Zeit, die Bahn des Kometen von 1793 zu verfolgen, den er am 10. Januar bemerkt hatte, die Wintersonnenwende von 1792 zu beobachten, verschiedene Sternbedeckungen und die Mondfinsternis vom 25. Februar 1793.

Méchain scheint sich, nachdem er seine Aufgabe in Spanien so glücklich beendet hatte, und bevor er seinen Weg in die Pyrenäen wieder aufnahm, wo er zwei Stationen an der Grenze zu erledigen hatte, mit seinem Plan der Verlängerung der Meridianmessung bis zu den Balearen beschäftigt zu haben[3]. Er hat keine genaue Angabe über diesen Plan hinterlassen, von dem er seither mit einigen vorteilhaften Abänderungen den Teil von Barcelona bis Tortosa ausgeführt hat.

Eine Bemerkung seiner Hand zeigt mir, daß seit November 1792 *Tranchot* ihm die Resultate der Winkelbeobachtungen auf der Sierra-Morella, an der Kapelle Saint Jean, bei Montsia, übergeben hatte, die er während der Reise nach Tortosa gemacht hatte, um die geeigneten Punkte festzustellen, die zur Verbindung von Majorca mit der Küste von Katalonien dienen sollte; und unter den Protokollen seiner Messungen finde ich noch, daß er am 2. April 1793 16 Distanzen der Bergspitze von Majorca vom Zenit von Montjoui gemessen hatte. Nach diesen Messungen findet man in seinen Manuskripten eine Lücke von 5 Monaten, die durch einen schrecklichen Unfall verursacht wurde, der ihn 2 Monate ans Bett fesselte und ihn ein ganzes Jahr lang des Gebrauchs seines rechten Armes beraubte. Er machte dennoch zur Sommersonnenwende 1793 einen Versuch, die Schiefe der Ekliptik zu bestimmen, aber dieser schwierige Versuch bewies ihm, daß er außerstande war, die Fortsetzung seiner Arbeiten wieder aufzunehmen, und er begab sich zur Heilung in die Bäder von Caldas. Das Glück, das ihn während 9 Monaten begleitet hatte, schien ihn für immer verlassen zu haben, und die vier seinem Unfall folgenden Jahre bilden eine Reihe von Mißgeschicken, Schwierigkeiten und Kummer, die ihn ganz niederdrückten. Ich habe während meiner Messungen kein Übermaß von Glück oder Unglück gefunden.

Im Monat März wollte ich wieder ins Feld abreisen und brauchte neue Pässe, konnte sie aber nicht erhalten. Ich hatte immer diese Schwierigkeit vorausgesehen, und mit äußerstem Widerwillen sah ich mich damals gezwungen, nach Paris zurückzukehren, nach einer Station, deren Erledigung nicht mehr aufgeschoben werden konnte. Nach vielen Schwierigkeiten war der Minister des Innern damit einverstanden, mir ein Empfehlungsschreiben an die Stadtbehörden mitzugeben; er sah zweifellos ein, daß es nutzlos sein würde. Und als ich meinen Antrag gestellt hatte, wie es damals Brauch war, wurde er von der Versammlung der Kommunen einstimmig abgelehnt. Sechs Wochen verhandelte ich so vergeblich. *Chaumet*, der Prokurator der Verwaltung, stimmte dennoch gern bei, meine Petition zu wiederholen. *Cousin*, von der Akademie der Wissenschaften, welcher sich in der Verwaltung als Mitglied des Komitees für die Verpflegung befand, war zufällig an jenem Tage in der Versammlung und sprach einige Worte zu meinen Gunsten. Die Pässe wurden ebenso einstimmig bewilligt, wie sie damals abgelehnt wurden. Der provisorische Exekutivrat erließ für mich eine neue Proklamation, die bis auf die einleitenden Worte mit der früheren übereinstimmte. Diese verschiedenen Schriftstücke erhielt ich erst am Mittag des 3. Mai und reiste am gleichen Tage um 2 Uhr nach Dünkirchen ab.

Die Verpflichtung, Pässe zu besitzen, die man bei jedem Schritt vorzeigen mußte, war einer der Umstände, die der Schnelligkeit unserer Arbeiten am hinderlichsten war; er machte den Verkehr der Stationen untereinander sehr schwierig; er zwang uns, unsere Reisen auf das notwendigste Maß zu beschränken, und wir wagten solche nur dann auf gut Glück hin zu unternehmen, wenn es unumgänglich notwendig war; er bereitete uns überall Mißtrauen und unterwarf uns den Verhören aller bewaffneten Posten und versetzte uns in die Notwendigkeit, nicht nur die Zustimmung der Behörden und der Bürger, in deren Mitte wir arbeiten mußten, einzuholen, sondern auch von allen denen, die wir unterwegs trafen. Außer meinen Pässen hatte ich dieses Mal einen Empfehlungsbrief an den kommandierenden General der Nordarmee bei mir, weil das Kriegstheater nicht sehr weit von dem Felde meiner Tätigkeit entfernt war.

Ein kleines Heer lagerte am Fuße des Mont Cassel, die feindlichen Vorposten lagerten beim Katzenberge, auf dem ich eine Station hatte, auf die ich verzichten mußte. Indem ich Cassel, Watten und Fiefs an Stelle von der Katzenmühle, Hondschote und Bolle-Zèle annahm, vermied ich die beiden Heere und kam nicht in die unangenehme Lage, mit dem General zusammenzutreffen; indessen wohnte ich doch eines Tages mit ihm zusammen in Béthune. *Custine* befehligte damals die Nordarmee.

Diese Beobachtungsreise verlief sehr glücklich. Ich beobachtete in Dünkirchen, seit dem 18. Mai, dann die Stationen Watten, Cassel, Fiefs, Béthune, Mesnil, Bonnières, Sauti, Beauquène, Mailli, Vignacourt, Amiens, Villers-Bretonneux, Bayonvillers, Sourdon, Arvillers, Noyers, Coivrel und den Rest von Jonquières, was alles am 6. Oktober beendet war. Wir fanden überall geeignete Signale in den Glockentürmen, mit denen das Land so gut ausgestattet war. Es ist indessen wahr, daß dieser Vorteil einige Schwierigkeiten bedingte. Die Notwendigkeit, Hängegerüste zu bauen, die Schwierigkeit, sich zweckmäßig in den engen Turmspitzen, in dem Gebälk aufzustellen, alles das nimmt ebensoviel Zeit in Anspruch, als das Aufsuchen von Stationen und der Bau von Signalen in bergigen Gegenden. Unsere Kreise besaßen geeignete Dimensionen, um sie in den Türmen verwenden zu können, aber ihre Konstruktion hat in gewissen Fällen doch einen Nachteil im Vergleich zu Viertelkreisen. Bei diesen Instrumenten fällt der Schnitt zweier optischer Achsen vor den Fuß des Instruments. Hier liegt das wahre Zentrum. Man kann es in Fenster oder Öffnungen von Türmen verlegen. Falls keine natürlichen Öffnungen vorhanden sind, genügt es, ein oder zwei Schiefersteine wegzunehmen, um die größten Winkel messen zu können. Bei den Vollkreisen dagegen liegt der Schnittpunkt im Zentrum des Instruments, ein Punkt, der stets von dem Dach oder der Mauer um die Hälfte der Fernrohrlänge entfernt liegt. Der Unterschied ist beträchtlich, man braucht nicht nur eine Öffnung, sondern so viele, als man Objekte zu beobachten hat. Dazu kommt die Schwierigkeit, schwach oder schief beleuchtete Alhidaden abzulesen, die Schwierigkeit, das Zentrum der Station zu finden, die oft sehr unbequeme Stellung für den Beobachter, und bisweilen die Unmöglichkeit, für ihn und sein Instrument zwei getrennte Stände zu bauen, damit die Bewegungen jenes sich diesem nicht mitteilen. Trotz ihrer Schwierigkeiten, auch abgesehen von den Fehlern, die man oft bei der Beobachtung von sehr dünnen Turmspitzen begeht, bevorzugte ich Signale, trotz mannigfacher Vorteile, die man bei Türmen findet, wie der, daß man inmitten bewohnter Orte sich befindet und vor Regen und starken Winden geschützt ist; wie häufig haben wir außerdem Türme gefunden, wo dieser letzte Vorteil gleich Null war, wie in Dammartin, Torfou, Chapelle, Pithiviers, Châteauneuf, Orléans; aber alles ist gleich gut für Sicherheit und Leichtigkeit, wenn der Turm in eine Plattform endet, auf die man ein Signal stellen kann, wie bei Dünkirchen, Watten und Béthune.

Die Messung dieses nördlichen Teiles des Bogens war die angenehmste von allen, indessen verlief doch nicht alles nach

Wunsch. Im allgemeinen waren die Mittelpunkte der Stationen die gleichen wie 1740. Man muß indessen Watten ausnehmen, wo wir unser Signal auf einen kleinen Turm stellten, anstatt die Mitte des Turmes zu nehmen, das Signal von Mesnil, das ich an Stelle von Rébreuve zu wählen gezwungen war, und den Turm von Noyers, der nach 1740 neu gebaut war, 6 Toisen von der Stelle des früheren. Villers Bretonneux sah man nicht mehr von Beauquêne, obgleich man von Villers Bretonneux Beauquêne deutlich sah. Es kann dieses durch die terrestrische Strahlenbrechung erklärt werden. Ich war gezwungen, zwei Winkel zu berechnen, die ihren Scheitel in dieser Station hatten, und zur Kontrolle konnte ich nur solche Dreiecke finden, die wenig vorteilhaft lagen. Kirchtürme findet man wohl in großer Anzahl vor, aber die Bäume, die sie fast stets umgeben, lassen einem nicht immer volle Freiheit in der Auswahl.

Meine Dreiecke bildeten dann eine fortlaufende Kette von Dünkirchen bis Chapelle la Reine, vier Meilen jenseits von Fontainebleau. Bei der Durchreise durch Paris nach Pithiviers, das meine erste Station werden sollte, besuchte ich die alte Basis von Villejuif und Juvisi. Dort wurde ich bald von der Unmöglichkeit, mehr als 5000 Toisen zu messen, und von der Schwierigkeit, diese Grundlinie mit den Hauptdreiecken zu verbinden, überzeugt. *Jollivet*, der jetzige Staatsrat, sprach mit mir von der Strecke von Lieursaint nach Melun; ich besuchte sie mit ihm. Wir erkannten leicht, daß man ohne Mühe 6000 Toisen messen könnte, daß es sogar nicht unmöglich sein würde, 10 bis 11000 zu messen. Der Anschluß an die benachbarten Dreiecke war sehr leicht. Nur die Bäume der Straße und die Häuser von Lieursaint hätten für die Grundlinie von 11000 Toisen zu unbequeme und kostspielige Signale verlangt. Ohne noch über die Länge der Basis endgültig zu entscheiden, stand meine Wahl seitdem fest, und diese Basis schien mir in allen Punkten der von Juvisi vorzuziehen zu sein.

In Pithiviers und Boiscommun geriet ich anfangs in große Schwierigkeiten. Der Turm von Cour-Dieu, den man 1740 verwendet hatte, der jetzt abgetragen sein soll, stand noch; aber er war allseitig von den Bäumen des Waldes umgeben. Als Ersatz mußte ein genügend hoher Punkt gefunden werden, der gleichzeitig von Pithiviers, Boiscommun, Châteauneuf und Orléans sichtbar ist. Um einen solchen ausfindig zu machen, machte ich viele vergebliche Reisen in dem Gebiet zwischen Pithiviers, Boiscommun, Orléans und Sulli sur Loire. Nach vielen Bemühungen entschloß ich mich, ein Signal von 64 Fuß Höhe auf der sogenannten Höhe von Châtillon bauen zu lassen. Das Signal stand auf einer Grundfläche von 20 Fuß Durchmesser, die vierte Etage, die uns als Beobachtungsstand diente, war ein Quadrat von $6^1/_2$ Fuß Seite. Um uns vor Wind und Schnee zu schützen, hatten wir die vier Seiten dieses Stockwerks mit Brettern verkleiden lassen, auf das überdies eine Pyramide nach Art unserer gewöhnlichen Signale aufgesetzt war. Der Wind, der weniger Gewalt auf uns hatte, hatte sie aber um so mehr auf das Signal, das ihm eine beträchtliche Oberfläche bot. Der Zimmermeister, den wir nicht beaufsichtigen konnten, hatte nicht alle Bedingungen seines Auftrages erfüllt; er hatte insbesondere das übersehen, was die Festigkeit garantieren sollte. Der geringste Wind bewegte das ganze Gerüst derartig, daß nicht nur die Messungen weniger sicher, sondern auch die Beobachter beunruhigt wurden. Daher achteten wir sorgfältig darauf, nur bei ruhigem Wetter heraufzusteigen, und schnell herunterzusteigen, sobald sich Wind erhob; aber das Instrument mußte auch herunterbefördert werden, und das dauerte ungefähr eine Viertelstunde. Die Tage waren kurz, die Erde war mit Schnee bedeckt, es war heftige Kälte. Es war eine der schwierigen Stationen. Wir begannen am 12. Nivôse des Jahres 2 und blieben bis zum 21. Die Messungen in Châtillon waren noch nicht vollständig abgeschlossen, wir mußten, um das Signal, das nicht stehen bleiben konnte, und das tatsächlich ein Sturmwind bald danach umgestürzt hat, entbehrlich zu machen, die Beobachtungen von den umliegenden Stationen aus beeilen. Es war uns in mehr als einer Art verhängnisvoll. Es bildete jeder Tag einen Gegenstand des Argwohns in einigen Bevölkerungsschichten und hatte zu den lächerlichsten Gerüchten Veranlassung gegeben, die Übelwollen oder Furcht über uns in Umlauf gesetzt hatten; endlich empfing ich gerade an diesem Signal eine Nachricht, auf die ich auch nicht im entferntesten gefaßt war.

Sechs Monate vorher *) war die Akademie der Wissenschaften aufgehoben worden. Die Kommission, die sie für die verschiedenen Arbeiten der neuen Maße eingesetzt hatte, war für eine Zeit erhalten geblieben **). Man verlangte immer noch nach dem neuen metrischen System, aber man war der langen Dauer

---

*) 8. August 1793.

**) Nach einem Dekret vom 11. September 1793.

der fundamentalen Operationen überdrüssig. Man hatte ein provisorisches Meter dekretiert, man dachte daran, es als definitives hinzunehmen. Wenigstens ist dieses der einzige Weg, auf dem ich mir den Erlaß, von dem ich sprechen will, erklären kann. Ein Schreiben des Präsidenten der derzeitigen Kommission für Maß und Gewicht, vom 9. Nivôse datiert, teilte mir mit, daß ein Erlaß vom 3. sechs Mitglieder ihres Amtes enthoben hatte, unter denen ich mich auch befand, und daß ich demzufolge meine Messungen einstellen, meinen Bericht und die Berechnungen abschließen und die Kosten für meine Instrumente und sonstige Ausgaben angeben sollte.

In meiner Antwort erläuterte ich den Stand der mir anvertrauten Messungen und setzte die Gründe auseinander, die es mir erwünscht erscheinen ließen, die Stationen Châtillon und Pithiviers zu vollenden und mit Orléans und Châteauneuf zu beginnen. Um sich nicht dem auszusetzen, die Ergebnisse einer Arbeit von drei Monaten und die dafür aufgewendeten Kosten zu verlièren, müsse man die Dreiecke zu zwei Türmen führen, die man jederzeit wiederfinden könnte, und ich empfahl als Vorsichtsmaßregel, sich ihrer Erhaltung durch einen Erlaß des Wohlfahrtsausschusses zu sichern. Zur Ordnung aller meiner Protokolle und zum Abschluß aller Berechnungen forderte ich eine Frist von zwei bis drei Monaten. Während ich auf die Genehmigung meiner Wünsche wartete, beeilte ich mich für alle Fälle, meine Vorschläge auszuführen.

Eines der Mitglieder der Kommission wurde beauftragt, in dieser Zeit die Kanäle von Loing, Briare und Orléans zu besichtigen. Die Kommission ließ mir durch ihn die Befehle, die mich angingen, überbringen. Er fand mich in Châteauneuf, wohnte alle meinen Messungen bei, auch denen, die ich sofort danach in Orléans anstellte. Ich war sehr neugierig, den Erlaß, den er mir brachte, kennen zu lernen. Er hatte aber immer einen liebenswürdigen und höflichen Vorwand, um meine Bitte abzulenken. Einige Augenblicke nach seiner Abreise übergab man mir endlich ein versiegeltes Paket, das die zwei Schriftstücke, die man unten findet, enthielt. Zuerst folgt das offizielle Schreiben, durch das man meine Wünsche genehmigt:

18. Nivôse des Jahres 2.

Bürger!

Die Kommission für Maß und Gewicht hat eines ihrer Mitglieder beauftragt, sich zu Dir zu begeben, um Dir den

Befehl des Wohlfahrtsausschusses zu überbringen, soweit er Dich betrifft, und mit Dir die Mittel zu verabreden, um Deine Messungen derart abzuschließen, daß die Signale entbehrlich bleiben. Sie fordert Dich auf, die Redaktion Deiner Berechnungen und eine Abschrift Deiner Beobachtungen zu beenden, so wie Du es vorschlägst.

Dieser Brief, den ich getreu wiedergebe, enthielt nur das notwendigste. Es war der Stil der Zeit. Die Kommission war nicht mehr, wie früher, nur aus meinen Kollegen und Freunden zusammengesetzt. Sie tat dennoch immer noch für mich alles, was in ihrer Macht lag. Durch die Entsendung eines ihrer Mitglieder gab sie mir, selbst indem sie den mich betreffenden Befehl ausführte, die Möglichkeit, meine Dreiecke bis zu zwei Punkten zu führen, die die ganze Arbeit sicherten. Meine Beobachtungspapiere blieben mir anvertraut, und ich konnte Abschriften davon fertigen. Diese Erwägungen trösteten mich ein wenig. Hier folgt der Erlaß:

Auszug aus den Protokollen des Wohlfahrtsausschusses des Nationalkonvents.

Am dritten Tage des Nivôse, im zweiten Jahre der einigen, unteilbaren Republik Frankreich.

Mit Rücksicht auf die Bedeutung für das öffentliche Wohl, daß diejenigen, die von der Regierung einen Auftrag erhalten haben, ihr Amt nicht niederlegen und es auch nur an Männer übertragen, die seiner wegen ihrer republikanischen Tugenden und ihres Hasses gegen das Königtum würdig sind, befiehlt der Wohlfahrtsausschuß, nach Verhandlungen mit den Mitgliedern des Komitees für den öffentlichen Unterricht, die sich speziell mit den Arbeiten über Maß und Gewicht beschäftigen, daß *Borda*, *Lavoisier*, *Laplace*, *Coulomb*, *Brisson* und *Delambre* mit dem heutigen Tage aufhören, Mitglieder der Kommission für Maß und Gewicht zu sein, und daß sie sofort mit einem Inventarverzeichnis den übrigbleibenden Mitgliedern die Instrumente, Berechnungen, Notizen, Berichte, überhaupt alles, was sie von den Dingen, die die Messungsarbeiten betreffen, in den Händen haben, übergeben. Er befiehlt außerdem, daß die übrigen Mitglieder der Kommission für Maß und Gewicht so schnell als möglich dem Wohlfahrtsausschuß Mitteilung machen, welches die Männer sind, die sie unbedingt für die Fortsetzung ihrer Arbeiten brauchen, und daß sie gleichzeitig von sich selbst aus an den Maßnahmen Anteil nehmen, um so schnell als möglich den Gebrauch der neuen Maße den Bürgern gewähren zu können, unter Benutzung der revolutionären Propaganda.

Der Minister des Inneren wird angewiesen, auf die Ausführung dieses Befehles hinzuwirken.

Im Protokoll gez. *B. Barère*, *Robespierre*, *Billaud-Varennes*, *Couthon*, *Collot-d'Herbois* usw.

Es ist klar, daß die ersten Zeilen dieses Erlasses nur leere Vorwände enthalten. Indem man mir eine so schwierige Arbeit, wie die Messung des Meridians in so stürmischen Zeiten anvertraute, verlangte man zweifellos nicht, daß ich meine Türme und Signale verließ, um in den Klubs mit republikanischer Gesinnung und Haß gegen die Könige zu paradieren. Das wäre kein Mittel gewesen, um eine Arbeit zu beschleunigen, bei der man sich beklagte, daß man so lange auf Resultate warten müsse. Indem man eine große Zahl von denen, die sich gänzlich in sie vertieft hatten, ihres Amtes enthob, besonders *Borda*, der den Plan entworfen und die Mittel zur Ausführung besorgt hatte, war es offenbar, daß man diesen Plan ändern oder ihn wenigstens sehr vereinfachen wollte, und zu diesem Zwecke wollte man in der Kommission nur die Männer haben, die man unbedingt brauchte. Man wollte auch die revolutionäre Propaganda verwenden, und dieser Plan war sehr gut; aber es war vielleicht nicht unmöglich, zu demselben Ziele auf anderen Wegen zu kommen.

Ich beendete die Messungen in Orléans am 5. Pluviôse des Jahres 2 und war am 12. in Paris. Als ich ankam, fand ich, daß das revolutionäre Komitee meiner Sektion bei mir Siegel angelegt hatte; wohl der Vorsicht wegen. Sie wurden entfernt, als ich den Beweis lieferte, daß ich meinen Auftrag erfüllt hätte, und die Bestätigungen der Behörden aller der Orte vorlegte, in denen ich mich nacheinander nach meiner letzten Abreise aus Paris aufgehalten hatte. Man kann sich natürlich denken, daß ich den oben wiedergegebenen Erlaß nicht zeigte. Ich ließ es in dem Glauben, ohne es ausdrücklich zu sagen, daß mein Auftrag fortlief. Die Beamten prüften alle meine Papiere mit der größten Sorgfalt. Ich kann sie nur loben. Sie waren sogar damit einverstanden, mir mehrere akademische Diplome zu lassen, die sie indessen zu beunruhigen schienen, besonders das der Königlichen Gesellschaft der Wissenschaften in London, das lateinisch abgefaßt war, und in dem sie den Namen und das Wappen des Königs Georg vorfanden. Es war das von ihrer Seite eine große Nachgiebigkeit einem Manne gegenüber, von dem sie glaubten, daß er mit mehreren Königen in Briefwechsel stehe.

Seit langer Zeit hatte man keine Nachricht von *Méchain*; den Grund dafür werden wir bald sehen. Man verbreitete das Gerücht, daß er nicht mehr nach Frankreich zurückkehren wolle, und diesem Umstand hat er es vielleicht zu danken, daß er nicht in die Liste der ihres Amtes Entsetzten aufgenommen wurde, durch die man, wie man sagte, die Kommission für Maß und Gewicht gereinigt hatte. Man fürchtete zweifellos, ihm einen Vorwand zu geben, um sich dauernd im Auslande aufzuhalten, mit seinen Instrumenten und seinem Anteil an den Geldmitteln der Meridianmessung. Man hat ihm tatsächlich zu verschiedenen Zeiten vorteilhafte Angebote gemacht, die ihn nach der Unterdrückung der Akademie und der Zerstörung aller seiner Hoffnungen erreichten, und sie hätten ihn wohl in diese Versuchung bringen können. Aber er achtete die Erfüllung seiner Pflichten zu hoch, um darauf zu hören, bevor er alle seine Verpflichtungen erfüllt hatte, die er mit dem Auftrag der Messung des Meridians auf sich genommen hatte.

Sofort nachdem er die Bäder benutzt hatte, die ihm indessen nicht den Gebrauch des rechten Armes wiedergegeben hatten, den er erst zwei Jahre nach seinem Unfall wieder erhielt, begab er sich nach den Pyrenäen, um dort die Stationen Puy Camellas und Puy de la Estella zu erledigen, durch die er die spanischen Dreiecke mit den französischen vereinigen sollte.

1792 hatte man ihm geraten, diese Stationen auf ruhigere Zeiten aufzuschieben. Diese Zeiten waren nicht gekommen. Der Krieg war sogar offen erklärt. Dieser Teil seiner Aufgabe war sogar schwieriger als jemals. Er brauchte für diese Stationen zwei Signale, am Forceral und am Bugarach. Beide Berge liegen auf französischem Gebiet. Glücklicherweise war *Méchain* in gleicher Weise bei der Departementsverwaltung von Perpignan und bei dem spanischen General bekannt und geachtet. Dadurch erhielt er alle Erleichterungen, die die Umstände zuließen. Unter Mitwirkung von dem Ingenieurhauptmann *Bueno* und einem der beiden spanischen Kommissare, die ihn überallhin begleiten sollten, erledigte er selbst die Station Camellas im September und Oktober 1793, d. h. in den ersten

Tagen des Jahres 2. Sein Assistent *Tranchot*, der eine bessere Gesundheit und kühneren, unternehmenderen Charakter besaß, übernahm die Station Estella. Räuber nahmen ihn gefangen und schleppten ihn gefesselt nach der nächsten Stadt, von wo er auf eine etwas angenehmere Art nach Perpignan geschickt wurde.

Der Departementspräsident gewährte ihm die Mittel, nach Estella zurückzukehren und dann nach Spanien, nachdem er die Signale Forceral und Bugarach aufgebaut hatte. Die beiden Stationen Camellas und Estella wurden am gleichen Tage, dem 13. Frimaire des Jahres 2 (3. Dezember 1793), beendet, die eine von *Tranchot*, die andere von *Méchain*.

»Es blieben nur noch die Winkel bei Perpignan, Forceral und Bugarach zu messen: dann war der Zusammenhang vollständig. Ich rechnete darauf (*Méchain* schreibt dieses), es im Laufe des November zu beenden und mich dann nach Évaux zu begeben, um im Winter die Zenitdistanzen der Sterne zu messen. . . . Wir waren weit davon entfernt, zu ahnen, daß wir in wenigen Tagen nach den Stationen auf französischem Gebiet würden gehen dürfen. Aber wenn wir die Erlaubnis, die Grenze zu überschreiten, im Laufe des nächsten Monats erhalten, so wird alles im März (1794) in Ordnung sein, und vorausgesetzt, daß man uns in Frankreich aufnimmt, werden wir noch nach Évaux oder Sermur kommen, oder sogar noch näher an Bourges, im Laufe des Juli . . . ., und diese große Arbeit wird in zwei Jahren beendet sein, nach allen meinen Verzögerungen und meinen Unfällen.«

So sprach sich *Méchain* in einem aus Barcelona vom 21. Nivôse des Jahres 2 datierten Brief aus. Man sieht daraus, daß man ihm die Erlaubnis, nach Frankreich zurückzukehren, verweigert hatte, daß er aber noch nicht die Hoffnung aufgab, sie im Pluviôse zu erhalten. Aber der spanische General verweigerte sie ihm hartnäckig und gab als Grund an, daß die von *Méchain* und seinem Assistenten während ihres Aufenthaltes auf den verschiedenen Stationen der Pyrenäen erlangten Kenntnisse Spanien gefährlich werden könnten. Er wollte also *Méchain* bis zum Friedensschluß zurückbehalten. Aber er stellte ihm die Wahl seines Aufenthaltsortes frei. *Méchain* wählte Barcelona, um so nahe wie möglich an dem Fort Montjoui zu sein, wo er im Jahre vorher die Polhöhe mit soviel Erfolg beobachtet hatte, dessen Betreten ihm aber jetzt verweigert war.

Um seine unfreiwillige Muße nützlich anzuwenden, wenn

auch nicht für seinen Hauptauftrag, so doch für die Astronomie, bestimmte er sorgfältig die Höhe der Sonne bei der Sonnenwende, um daraus die Schiefe der Ekliptik abzuleiten. Er wiederholte auch alle die Beobachtungen, die er in Montjoui gemacht hatte, um die Breite seines neuen Beobachtungsplatzes zu bestimmen, die er brauchte, und um die beiden Breiten miteinander vergleichen zu können, bestimmte er trigonometrisch die Breitendifferenz zwischen der Mitte des Turmes von Montjoui und seinem Beobachtungsplatz in Barcelona.

Alle diese Einzelheiten sind jenem Briefe entnommen, aus dem oben ein Bruchstück mitgeteilt ist, und der an *Borda* gerichtet war, von dem er glaubte, daß er noch Präsident der Kommission sei. Er gab ihm auch eine Karte aller seiner spanischen Dreiecke mit, mit einer Zusammenstellung aller von ihm gemessenen Winkel und alle Angaben für die Breite von Montjoui.

Der Erlaß vom 3. Nivôse, der uns unseres Amtes entsetzte, gab uns auf, der Kommission alle unsere Berichte, Notizen und Berechnungen abzuliefern. *Borda* glaubte sich verpflichtet, auch diesen Brief abzugeben. Bevor er ihn aber aus den Händen gab, wollte er noch, daß ich davon eine Abschrift anfertige, und ich habe es lange Zeit bedauert, nicht den Brief selbst behalten zu haben. Aber dieser Verlust ist durch die Originalprotokolle und die Abschriften, die mir Frau *Méchain* und *Méchain* bei seiner Abreise nach Spanien im Jahre 1802 selbst übergeben haben, völlig wieder eingebracht. Unglücklicherweise enthalten diese Protokolle nur die Beobachtungen und Rechnungen wohl in der schönsten Ordnung, aber ohne die geringste Bemerkung, ohne die kleinste Notiz für den historischen Teil, bei welchem ich, bei all dem was *Méchain* angeht, als Führer nur mein Gedächtnis habe, die Daten seiner Beobachtungen und eine große Zahl an mich gerichteter Briefe. Aber unsere Korrespondenz hat erst bei seiner Rückkehr nach Frankreich begonnen, und *Tranchot*, der mir interessante und nützliche Einzelheiten liefern könnte, ist jetzt fern von Paris beschäftigt, eine Karte der vier Departements des linken Rheinufers aufzunehmen.

Das Leben, das *Méchain* in Spanien führte, war sehr traurig, nachdem seine beendete Arbeit ihm keine genügende Zerstreuung mehr lieferte, um ihn daran zu hindern, den traurigen Gedanken nachzugehen, die ihm Frau und Kinder verursachten, deren Briefe ihn erst spät und in langen Zwischenräumen erreichten. Was ihm die Zeitungen von blutigen Szenen in Paris brachten, vermehrte noch seine Besorgnisse. Was ihm an Geldmitteln, die er für seine Arbeiten erhalten hatte, geblieben war und sich in den Händen von spanischen Bankiers befand, war als französisches Eigentum eingezogen. Er hatte eine Gefangenschaft in Aussicht, die anscheinend ebenso lange dauern sollte wie der Krieg. Das war seine Lage, als der Graf *Ricardos* starb. Sein Nachfolger in der Verwaltung von Catalonien zeigte sich weniger schwierig. *Méchain* verlangte Pässe nach Italien, da er sie nach Frankreich nicht zu erhalten hoffte; sie wurden ihm gewährt. Zur gleichen Zeit konnte ihm seine Frau eine Hilfe in Form von Geld zukommen lassen. Er schiffte sich nach Italien ein, landete in Livorno nach vielen Mühen und begab sich in den ersten Tagen des Jahres 3 nach Genua.

In Frankreich schien man es nicht sehr eilig damit zu haben, ihn seine Arbeit wieder aufnehmen zu sehen. Man dachte auch nicht daran, ihm einen Nachfolger zu geben: die temporäre Kommission für Maß und Gewicht beschäftigte sich nur mit den administrativen Einzelheiten der Einführung des neuen metrischen Systems. Eines ihrer Mitglieder gab eine Instruktion heraus, in der alle Teile dieses Systems klar auseinandergesetzt waren, in einer Darstellung, die dazu angetan war, die Vernunft zu gewinnen und alle Vorteile merken zu lassen. Darauf beschränkten sich die Arbeiten der temporären Kommission, die sich sogar bald darauf nicht mehr versammelte. Die Messung des Meridians insbesondere schien aufgegeben. Der General *Calon*, Mitglied des Konvents und Direktor des Kriegsmagazins, faßte den Plan einer geodätischen Messung, welche als Grundlage einer Karte der neuen Departements von Frankreich dienen sollte, die er als Fortsetzung von *Cassinis* Karte zeichnen lassen wollte, und zwar im gleichen Maßstab. Er verpflichtete uns, *Méchain* und mich, zu der Bearbeitung der Hauptdreiecke in der Erwartung, daß wir die Messungen der Meridiandreiecke dann fortsetzen könnten. Er wollte dem Magazin alle Gelehrten angliedern, deren Arbeiten die Geographie fördern könnten, und die die Auflösung der Akademie zerstreut hatte. Er schrieb an *Méchain*, ließ mich holen und verlieh uns den Titel von Astronomen des Kriegsmagazins. Er wollte die trigonometrischen Messungen im Frühjahr des Jahres 3 beginnen lassen. Wir erhielten von ihm die Erlaubnis, unsere unterbrochenen Dreiecksmessungen in den Pyrenäen und an der Loire wieder aufnehmen zu dürfen. Zu diesem Zwecke erwirkte er für uns einen Paß von dem Wohlfahrtsausschuß; und er ist es, der uns, soweit es in seiner Macht als Vorsteher des Hauptkriegsmagazins lag, die Geldmittel und alle sonstige Hilfe verschaffte.

Das Gesetz vom 18. Germinal des Jahres 3, das auf den Bericht von *C. A. Prieur* erlassen war, setzte bald darauf alle Teile des Unternehmens in Bewegung. Es brachte auch an den Plänen der Akademie der Wissenschaften einige Änderungen an, auch am Gesetz vom 3. März 1791, und änderte fast vollständig die Bezeichnung der Maße und Gewichte.

Dieser Teil, der der einfachste und leichteste des ganzen neuen Systems schien, war im Gegenteil der, der am meisten Kritik hervorrief. Die Akademie hatte es wohl so kommen sehen. Da sie aber zu mehreren Zeiten sich mit dieser Arbeit zu beschäftigen gezwungen war, hatte sie zwei verschiedene Bezeichnungsarten vorgeschlagen, die eine, in der man den Unterabteilungen der Maße zusammengesetzte Namen gab, welche das dezimale Verhältnis angaben, das sie miteinander bildeten, das andere, deren Namen einfach, einsilbig und unabhängig voneinander waren. Die temporäre Kommission hatte eine dritte angegeben. Ein Erlaß vom 13. Brumaire hat danach gestattet, an Stelle der systematischen Namen kürzere und vertrautere zu verwenden. In der umstehenden Tabelle wollen wir die verschiedenen Bezeichnungen zusammenstellen[4]).

(Vergleiche die Abhandlungen der Akademie 1789, S. 6; die »Instruction sur les mesures déduites de la longueur de la terre«; Paris, Jahr 2, und den Bericht, den *Prieur* dem Konvent erstattet hat, als er seinen Gesetzesentwurf vorlegte, der am 18. Germinal des Jahres 3 angenommen wurde.)

Jede dieser Bezeichnungsweisen hat ihre Nachteile und Vorteile. Das was der des letzten Erlasses schaden kann, ist die Länge der Bezeichnung, der häufige Gleichklang, der das Ohr oft stört. Die ungeschickte Anordnung der Aussprache von Unterabteilungen verschiedener Ordnung, so z. B. 57 Meter, 4 Dezimeter, 8 Zentimeter, statt 57 Meter, 48 Zentimeter, oder sogar 57 Meter 48. Indessen wird der Gebrauch solche Schwierigkeiten weniger fühlbar machen, man wird Mittel, sie zu vermeiden, finden. Der Vorwurf der Barbarei, den man manchen Bezeichnungen macht, ist nicht so schlimm. Er bezieht sich hauptsächlich auf Hekto und Kilo. Ich behaupte auch nicht, als Vater dieser Bezeichnung zu gelten, an der wir, wie man weiß, keinen Anteil haben. Ich will auch nicht abstreiten, daß diese Worte das Ohr eines Hellenisten beleidigen. Aber wohin wäre man gekommen, wenn man Hekatommeter, ent-

Akademie der Wissenschaften		Temporäre Kommission	Gesetz vom 18. Germinal	Erlaß von 13. Brumaire des Jahres IX	Wert
Décade					1 000 000 m
Degré [Grad]		Grade od. Degré			100 000 »
Poste [Station]			Myriamètre	Lieue [Wegstunde]	10 000 »
Mille [Meile]	Millaire	Millaire	Kilomètre	Mille	1 000 »
Stade [Stadion]			Hectomètre		100 »
Perche [Rute]			Dékamètre	Perche	10 »
Mètre	Mètre	Mètre	Mètre	Mètre	1 »
Palme [Handbreite]	Décimètre	Décimètre	Décimètre	Palme	0,1 »
Doigt [Fingerbreite]	Centimètre	Centimètre	Centimètre	Doigt	0,01 »
Trait [Strich]	Millimètre	Millimètre	Millimètre	Trait	0,001 »
Tonneau [Tonne]	Muid (Fuder)	Cade	Kilolitre	Muid	Kubikmeter
Setier [Scheffel]	Décimuid	Décicade	Hectolitre	Setier	
Boisseau [Anker]	Centimuid	Centicade	Décalitre	Boisseau, Velte	
Pinte [Maß]	Pinte	Cadil	Litre	Pinte	Kubikdezim.
			Décilitre	Verre [Glas]	
			Centilitre		

Millier [Tonne]	Millier	Bar		Millier	
Quintal		Décibar		Quintal	
Décal		Centibar	Myriagramme		
Livre [Pfund]	Grave	Grave	Kilogramm	Livre	Kubikdezim.
Once [Unze]	Décigrave	Décigrave	Hectogramme	Once	destillierten
Drâme [Lot]	Centigrave	Centigrave	Décagramme	Gros [Lot]	Wassers
Maille [Quentchen]	Milligrave	Gravet	Gramme	Denier	
Grain [Gran]		Décigravet	Décigramme	Grain	
		Centigravet	Centigramme		
		Milligravet	Milligramme		
		Are [Ar]	Hectar [Hektar]	Arpent [Morgen]	10 000 qm
		Déciare			1 000 »
		Centiare	Are [Ar]	Perche carrée [Quadratrute]	100 »
					10 »
			Centiare	Mètre carée [Quadratmeter]	1 »
	[Nebensteh. Maße dienen spez. f. d. Holzhandel nach Raummaß]		Stère [Festmeter]	Stère	Kubikmeter
			Décistère	Solive	
Unité monétaire [Münzgewicht]					Dekagramm Silber
			Franc	Franc	5 g Silber
			Decime	Sol [Groschen]	
			Centime	Denier [Heller]	

sprechend dem Griechischen gesagt hätte, wo man sagt: ἑκατόμπους, ἑκατόμπυλος, ἑκατόμβοιος, ἑκατόγχειρ, ἑκατογκέφαλος; der tägliche Gebrauch hätte wohl endlich zweifellos einen Teil des Wortes entfernt, das man zu lang gefunden hätte, und man hätte es damit barbarischer gemacht, als es jetzt ist. Man hat über Kilo an Stelle von Chilio gelacht; aber, abgesehen davon, daß K an die Stelle von Ch gesetzt ist, um einer fehlerhaften Aussprache vorzubeugen, ist χίλοι das poetische Wort für χίλιοι. Man vergleiche in Homer (Ilias, Buch 5, Vers 860), wo Mars, durch Diomedes verwundet, wie 9 oder 10 Tausend Krieger schreit:

. . . . Ὁ δ' ἔβραχε χάλκεος Ἄρης
Ὅσσον τ' ἐννεάχιλοι ἐπίαχον ἢ δεκάχιλοι
Ἄνερες . . . .

Man vergleiche im Buch XIV die gleichen wiederholten Verse (Vers 148), als Neptun, in einen Greis verwandelt, einen Schrei ausstößt, um die Griechen zu ermutigen.

Nach dieser Abschweifung wollen wir zum Gesetz vom 13. Brumaire zurückkehren.

Der Artikel X ordnet an: »Die auf die Bestimmung der aus der Größe der Erde abgeleiteten Maße und Gewichte bezüglichen Arbeiten, welche von der Akademie der Wissenschaften begonnen und durch die temporäre Kommission fortgesetzt sind, sollen bis zu ihrem Abschluß durch die besonderen Kommissare weitergeführt werden, die hauptsächlich aus der Zahl der Gelehrten ausgewählt sind, welche bis jetzt dabei mitgewirkt haben, und deren Liste von dem Komitee für den öffentlichen Unterricht aufgestellt werden wird.« Der Schluß enthielt nur verwaltungstechnische Anordnungen.

In Ausführung dieses Artikels ernannte das Komitee für den öffentlichen Unterricht durch einen Erlaß vom 28. Germinal folgende 12 Kommissare:

Berthollet, *Borda*, *Brisson*, *Coulomb*, *Delambre*, *Haüy*, *Lagrange*, *Laplace*, *Méchain*, *Monge*, *Prony*, *Vandermonde*.

Diese Kommission, die sich am gleichen Ort, an dem die Sitzungen des Komitees für den öffentlichen Unterricht stattfanden, versammelte, einigte sich am 21. Floréal auf folgende Artikel:

Erster Artikel.

Es wird sofort zu der Herstellung eines Messingmeters von der größtmöglichsten Genauigkeit geschritten, das dem Komitee für den öffentlichen Unterricht als provisorisches gesetzliches Normal dient.

Art. II.

Die Bürger *Borda* und *Brisson* werden als spezielle Kommissare damit beauftragt, die Herstellung dieses provisorischen Normals zu leiten und zu überwachen. Sie haben dafür zu sorgen, daß die Fertigstellung in einer Dekade erfolgt. Sie sollen das Resultat dieser Arbeit mit einem Protokoll über die Prüfung, der sie es unterzogen haben, den übrigen Kommissaren für Maß und Gewicht vorlegen, die zu diesem Zwecke versammelt werden, und die das Normal zusammen mit dem Protokoll und den erforderlichen Berechnungen dem Komitee für den öffentlichen Unterricht übergeben werden, nachdem sie ihre Unterschriften hinzugefügt haben.

Art. III.

Die Bürger *Méchain* und *Delambre* werden als spezielle Kommissare mit der Winkelmessung, den astronomischen Beobachtungen und der Messung der Grundlinien, die zur Messung des Meridians erforderlich sind, beauftragt.

Art. IV.

Die Bürger *Delambre*, *Laplace* und *Prony* sollen sofort an geeigneten Stellen die zweckmäßigste Anordnung der Grundlinie in der Nähe von Paris festsetzen und die Enden dieser angeben. Sie sollen außerdem den Entwurf für die an den Enden dieser zu errichtenden Bauwerke anfertigen. Ihre sämtlichen Resultate sollen sie allen versammelten Kommissaren vorlegen, die über den zweckmäßigsten Fortgang entscheiden.

Das Komitee für den öffentlichen Unterricht wird aufgefordert, unverzüglich die Ausführung der Bauten an den Enden der Grundlinien anzuordnen, nachdem die Pläne für diese angenommen sind.

Art. V.

Der Bürger *Delambre* wird sofort zur Fortsetzung der Dreiecksmessung in der Richtung nach Süden abreisen, der Bürger *Méchain* wird das Gleiche von den Pyrenäen aus beginnen und sich in der Richtung auf den Bürger *Delambre* zu bewegen.

Indessen wird sich der Bürger *Méchain* zu allererst nach Paris begeben und wird mit seinen Arbeiten nicht früher anfangen, als bis er mit ihm die Arbeit beraten hat, damit die Versammlung sämtlicher Kommissare einen entscheidenden Entschluß in bezug auf die Messung der Polhöhe und der Basis fassen kann. Danach wird die Versammlung das Komitee für den öffentlichen Unterricht darüber benachrichtigen können, wie lange die Messungen wahrscheinlich dauern werden, und welches die geeignetsten Maßnahmen sind, um sie möglichst genau zu machen.

Art. VI.

Als Kommissare zur Bestimmung des Normalgewichtes werden die Bürger *Borda*, *Haüy* und *Prony* ernannt. Sie sollen dabei die empfindlichste Methode anwenden. Indessen sollen sie binnen zwei oder drei Monaten ein Gewicht mit einer ausreichenden Genauigkeit als provisorisches Normal herstellen. Dieses Gewicht, sowie die Protokolle seiner Prüfung und die Berechnungen seiner Bestimmung werden dem Komitee für den öffentlichen Unterricht übergeben werden, nachdem es durch die Versammlung der zu dieser Zeit in Paris anwesenden Kommissare genehmigt ist.

Art. VII.

Endlich werden die Bürger *Berthollet*, *Monge* und *Vandermonde* die Bearbeitung des Platins überwachen, das dazu bestimmt ist, nicht nur das Normalmeter der Republik zu bilden, sondern auch eine Reihe von Maßen vollständiger Ähnlichkeit, die man gelehrten Gesellschaften oder den Regierungen gesitteter Staaten übergeben kann.

Art. VIII.

Die verschiedenen, durch die vorhergehenden Artikel bezeichneten Gruppen sollen eiligst der Generalversammlung aller Kommissare ihre allgemeinen Ansichten über die verschiedenen Zweige ihrer Arbeiten, die sie zu verrichten haben, vorlegen, damit die Versammlung bald entscheiden kann, welche Erlasse über jene Operationen erforderlich sind. Die Gruppen treffen ihre gesonderten Dispositionen und beschaffen sich die erforderlichen Gerätschaften, entsprechend dem Erlaß des Komitees für den öffentlichen Unterricht vom 18.

Während man mit möglichster Schnelligkeit die erforderlichen Vorbereitungen für die Wiederaufnahme der geodätischen Operationen traf, besuchten wir, wie es in Artikel IV festgesetzt war, den Weg von Lieursaint nach Melun. Auf dieser Reise entschied man sich dafür, sich auf eine Basis von etwa 6000 Toisen beschränken zu wollen, von dem Ende von

Lieursaint bis zu der Stelle, an der die Straße von Brie sich mit der von Paris vereinigt.

Méchain konnte sich nicht nach Paris begeben, wie er nach Artikel V aufgefordert war. Er war noch am 13. Thermidor in Marseille und schiffte sich dort nach Vendres in der Nähe von Perpignan ein, wo er im Laufe des Fruktidor angekommen sein muß, denn am 27. beobachtete er am Forceral. Seine erste Sorge war, alle Stationen zwischen den Pyrenäen und Carcassonne zu bereisen, um überall die Signale aufzustellen. Er schrieb mir bei dieser Gelegenheit, daß es ihm sehr schwierig erscheine, unter den damaligen Umständen Leuchtsignale zu benutzen, die die Einwohner dieser Landstriche beunruhigen und aufregen würden. In Catalonien war er gezwungen worden, darauf zu verzichten. Ich selbst würde es nie gewagt haben, mich ihrer in den Jahren 1792 und 1793 zu bedienen, und seit dieser Zeit dachte ich auch nicht mehr daran.

Ich war am 10. Messidor nach Orléans aufgebrochen und wollte zuerst die Stationen von der Loire bis Bourges auswählen und die Signale aufstellen. Aber ich fand dabei zu viele Schwierigkeiten und begab mich direkt in jene Stadt, um die schönen Tage zu Azimutmessungen zu benutzen, wie ich sie schon in Watten gemacht hatte. Ich begann am 18. Messidor, nach einer Unterbrechung von $17^1/_2$ Monaten. Sie beschäftigten mich bis zum Ende des Monats. Der folgende Monat ging fast vollständig bei der Auswahl der Stationen darauf. Ich hatte viele Mühe, die Spuren der Signale von Méri und Ennordre wiederzufinden, die 1740 Enden einer Grundlinie gebildet hatten; und als ich sie gefunden hatte, war ich gezwungen, mich anders aufzustellen. Die Berge von Michavent waren nicht mehr sichtbar, ich mußte sie durch die von Morogues ersetzen.

Das Dreieck ließ sich schwer bilden. Das Signal von Ennordre projizierte sich, von Morogues aus gesehen, auf benachbarte Gegenstände und mußte unsichtbar werden, außer wenn es kräftig von der Sonne beschienen wurde. Wir bemerkten in der gleichen Richtung ungefähr einen Gegenstand, der mit diesem Signal eine große Ähnlichkeit hatte. Wir beobachteten dieses scheinbare Signal während drei Tagen, ohne an einen Fehler zu denken. In Ennordre wurden wir davon überzeugt, daß Morogues und Ennordre einander unsichtbar waren; wir waren gezwungen, das Signal von Ennordre anders aufzustellen und zwei Stationen von neuem anzufangen.

Der Raum zwischen der Loire und Bourges ist der Teil des Meridians, der von den Akademikern im Jahre 1740 am meisten gemessen ist. Man findet in ihrem Werke, daß sie ihn dreimal in seiner ganzen Ausdehnung zu messen gezwungen waren, bevor sie eine Verteilung der Dreiecke fanden, die ihnen genügen konnte. Die Sachlage war auch außerdem durch den Brand des Turmes von Salbris, dessen Spitze sich beträchtlich über die Kirche erhob, schwierig geworden. Von ihm steht heute nur noch ein zerstörter Turmbau, von dem man keine der umliegenden Stationen sieht. Man mußte etwas anderes an seine Stelle setzen, und ich fand nichts, was sich eignete. Türme fehlen nicht, man findet darunter auch sehr hohe, die man auf mehr als 80000 Meter sehen kann, aber sie sind so schlecht gelegen, daß man fast niemals von ihnen Gebrauch machen kann. Berge fehlen auch nicht, aber sie sind fast alle gleich hoch und alle mit Gehölz bedeckt, so daß von überall der Horizont sehr beschränkt ist. Wir hätten zu diesen Untersuchungen drei Signale gebraucht, die man nach Belieben aufbauen und abbrechen konnte, um sie der Reihe nach auf alle die Bergspitzen zu bringen, die einige Hoffnung geboten hätten. Ich zweifle nicht, daß man mit solchen Hilfsmitteln eine viel schönere Dreieckkette hätte bilden können; aber eine solche Ausrüstung wäre sehr beschwerlich gewesen, und die Wege, die überall eng und schwer passierbar sind, ausgenommen der Weg von Bourges nach Gien über Aubigny, hätten den Transport langsam und kostspielig gemacht. Wir besaßen nur Assignaten, und sie begannen fürchterlich im Kurse zu fallen. Zur Reise von Bourges nach dem Nachbardorfe Méri, d. h. 9000 oder 10000 Toisen weit, nahm die Post uns 1500 Franks ab. Unsere drei letzten Signale kosteten uns 8000 Franks. Die, welche *Méchain* zu gleicher Zeit am Tauch und am Forceral bauen ließ, kosteten jedes 3000, weil sie auf schwer zugänglichen Höhen standen. Die Geldmittel, die ich aus Paris mitgebracht hatte, waren erschöpft, und ich blieb einen ganzen Monat in Bourges, wo ich nichts mehr zu tun hatte, weil ich kein Geld mehr hatte, die Pferde zu bezahlen, die mich nach Dun-sur-Auron bringen sollten. Ich hatte also in keiner Weise die Möglichkeit, Versuche zu machen.

Ich hatte ein Signal bei Oison aufgestellt, einige Toisen von dem von 1740 entfernt. An Stelle von Salbris nahm ich den Turm von Soême, eine dünne und zarte Spitze, die für die Beobachtung sehr schwierig war. Sie schien mir genügend lang zu sein, und ich zweifelte nicht daran, daß ich von Soême mein Signal bei Oison sehen könnte. Übrigens hatte ich auch keine Auswahl. Als ich in Soême war, sah ich, daß ein ganz nahes Gehölz mir das Signal Oison verdeckte. Ich fand, um es zu ersetzen, nur den Turm von Chaumont. Dann brauchte ich einen Zwischenpunkt zwischen Vouzon und Ennordre. Ich war so glücklich, ihn in dem kleinen Turm von Sainte Montaine zu finden. Die Anordnung befriedigte mich indessen nicht sehr. Denn die Entfernung von Vouzon nach Chaumont erschien von Orléans aus nur unter einem Winkel von 27° und von Soême unter 22°. Ich nahm mir vor, sie gut zu beobachten und glaubte, dabei Glück zu haben, obwohl die Umstände nicht sehr günstig waren. Die Jahreszeit war sehr weit vorgeschritten und sehr rauh. Trotz aller meiner Bemühungen sind diese beiden Dreiecke die, bei denen die Summe der Fehler die größte ist. Ich schreibe dieses der Höhe der Turmspitze in Orléans und Chaumont zu, von denen die eine 120, die andere 80 Fuß hoch ist. 3 Zoll Neigung an der Spitze in Orléans genügen, die Winkel bei Chaumont und Vouzon um eine Sekunde zu ändern. Glücklicherweise sind sie sehr groß, und der Fehler der Seiten muß verschwinden. Eine Neigung würde das Zentrum der Station ändern, aber ein Fuß Änderung im Zentrum würde nur einer halben Sekunde im Winkel entsprechen. Als ich den Turm von Orléans von allen Seiten betrachtete, konnte ich keine merkliche Neigung feststellen. *Prony*, der mich dabei begleitete, konnte es ebensowenig. Nicht ganz so sicher bin ich beim Turm von Chaumont. Wenn ein Fehler anzunehmen ist, so muß er hiervon herrühren. Aber ich glaube nicht, daß er sehr beträchtlich ist.

Alle diese Schwierigkeiten hielten mich bis zur Mitte des Frimaire des Jahres 4 zurück. Ich wollte mich sobald wie möglich nach Dünkirchen begeben, um die Polhöhe dort zu beobachten; außerdem konnten wir nicht lange in einem Lande bleiben, in dem man uns die Unterkunft verweigerte und uns für Assignate keine Lebensmittel verkaufen wollte; außerdem herrschte in Vouzon eine epidemische Krankheit, die auch einen meiner Mitarbeiter befiel, so daß er nicht fortgebracht werden konnte, als ich Vouzon verließ und nach Chaumont reiste. Übrigens bewirkte es die regnerische Jahreszeit, die diese Stationen so langweilig und unangenehm machte, trotzdem, daß ich es nicht bedauerte, nicht in Dünkirchen zu sein, wo ich nicht eine Beobachtung hätte machen können. Ich tat deswegen alles, um die Dreieckskette in diesem Jahr bis Châteauneuf und Orléans weiterzuführen, die sich dann ohne Unterbrechung von Dünkirchen bis Bourges erstreckte.

Méchain war in einer noch ärgerlicheren Lage. Folgendes schrieb er mir am 12. Vendémiaire des Jahres 4:

»Ihr könnt Euch keine Vorstellung von den Schwierigkeiten machen, die uns hier die Beschaffung von Holz und Arbeitern zum Transport und Bau der Signale auf den Berggipfeln bereitet. Wir müssen fast überall zu Fuß gehen. Übrigens ist es physisch unmöglich, anders zu gewissen Stationen zu gelangen, wie zum Beispiel zur Station Bugarach, wo man nur hinkommen kann, wenn man sich an Bäume anklammert oder Gesträuch und Felsen erklettert. Dieser Weg dauert 4—5 Stunden. Der Abstieg ist noch viel schwieriger und gefährlicher. Ihr könnt Euch vorstellen, wie bequem der Aufenthalt auf einer über 600 Toisen hohen Station ist, die nicht 2 Toisen groß ist und von Abgründen begrenzt wird. Die anderen Stationen sind nicht so hoch, aber immerhin schwierig zu erreichen und in der Mehrzahl drei oder vier Meilen von jeder menschlichen Wohnung entfernt. Tag und Nacht ist man dort Wind und Wetter ausgesetzt, als Bett hat man ein wenig Stroh und als Schutz ein einfaches Zelt, oft wird man durch Wolken gestört und geärgert, die eine Station verhüllen und sich ganze Tage nicht weiterbewegen. Dann, wenn die eine frei wird, wird die andere bedeckt. Die Station Forceral braucht sechs Signale auf einmal. Ich war fast verzweifelt, als ich das Signal auf dem Bugarach, das so viele Mühe gekostet hatte, durch einen furchtbaren Sturmwind zerstört sah. Die Tramontana ist in diesen Gegenden schrecklich; nichts widersteht ihrer Wucht. Man muß die Zelte abbrechen, heruntersteigen und sich am Boden festklammern, wenn man nicht wie eine Feder fortgeblasen werden will. Ich habe zehnmal die Reise nach dem Forceral gemacht, und mehrere Nächte fast unter freiem Himmel geschlafen, um vier Winkel zu beobachten. Wir haben viel zu spät in diesem Lande angefangen. Die Signale werden bis Carcassonne und Alaric aufgebaut. Man muß sich beeilen. . . . Ich hoffe, daß unsere Winkel bis Carcassonne in den ersten Tagen des November zu Ende gemessen sein werden, und ich beabsichtige dann, nach Perpignan zurückzukehren, um eine Grundlinie zu suchen.«

Er hatte in allen seinen Plänen Glück. Seine Dreiecke bildeten dann eine fortlaufende Kette von Montjoui bis Carcassonne. Er fand auf dem Wege von Perpignan nach Narbonne eine Grundlinie von 6000 Toisen. Er bezeichnete ihre Enden durch in festes Mauerwerk eingelassene Pfeiler, die mit einer Kupferplatte abgedeckt waren, in deren Mitte das Zentrum durch den Schnittpunkt zweier Durchmesser eines Kreises bezeichnet war, und verband diese beiden Punkte durch die Hilfsstation Espira mit den Hauptdreiecken. Der Winter des Jahres 4 wurde vollständig zu diesen Messungen gebraucht und zu den Bestimmungen der Breite von Perpignan und der Lage dieser Stadt zu den umliegenden Signalen.

Ich konnte erst am 7. Nivôse nach Dünkirchen kommen, um dort die entsprechenden Messungen zu machen, die *Méchain* zwei oder drei Jahre vorher in Barcelona und Montjoui gemacht hat. Ich hätte gern unsere Beobachtungen gleichzeitig angestellt, aber es läßt sich zeigen, daß aus dem Zeitraum, der sie trennt, keine Schwierigkeit entstehen kann. Wenn man die oberen und unteren Durchgänge der Zirkumpolarsterne beobachtet, macht man sich von ihren Eigenbewegungen unabhängig, oder vielmehr liefern uns unsere Beobachtungen diese, ebenso wie die absoluten Deklinationen gleichzeitig mit der Polhöhe. Die Nutation hat sich höchstens in der Zwischenzeit um 3″ ändern können, d. h. um ein Drittel ihres größten Wertes. Setzen wir die Unsicherheit für die größte Nutation zu 0,6″ an, so würden wir uns nur um 0,2″ in der Bewegung in Deklination irren können im Verlauf von drei Jahren, und daraus würde sich keine Unsicherheit in der Polhöhe ergeben. Das gleiche gilt mit noch mehr Grund für die Aberration, die dieselbe in Dünkirchen und Montjoui sein muß, da wir zu gleichen Jahreszeiten beobachteten. Übrigens stimmen unsere Deklinationen sehr gut zu denen, die wir im Jahre 5 gleichzeitig, *Méchain* in Carcassonne, ich in Evaux, gemessen haben. Endlich sind sie durch die, die wir in Paris im Jahre 7 gefunden haben, bestätigt, und die uns, auf $^1/_6$ Sekunde genau, die gleiche Breite für das Pantheon ergeben haben.

Obgleich ich zu spät nach Dünkirchen gekommen war, und das Wetter sehr veränderlich war, gelang es mir dennoch, 174 Distanzen des Polarsterns bei seinem oberen Durchgang, und 138 bei seinem unteren zu beobachten, die mir die Breite mit einer Genauigkeit von einer halben Sekunde liefern. 306 Beobachtungen von β des kleinen Bären bei seinem oberen Durchgang unter Verwendung der von *Méchain* in Montjoui gemessenen Deklination, oder der, welche wir beide später im Jahre 5 gemessen haben, würden $^1/_3$ Sekunde mehr ergeben.

Die untere Passage von β des kleinen Bären gelang schlecht. Meine Beobachtungen waren an Zahl nur 68 und fast unbrauchbar. Wenn man sie mit den anderen kombiniert, würde die Breite um etwa eine Sekunde verkleinert werden; wenn man sie verwirft, was man, wie ich glaube, tun muß, wird die Breite sicher genug bestimmt sein, um weiter keiner Bestätigung mehr zu bedürfen, wie ich es gefürchtet hatte. Es sei noch bemerkt, daß diese Breite, mit der des Observatoriums in Paris verglichen, den gleichen Himmelsbogen gibt, den *Lacaille* aus seinen Beobachtungen im Jahre 1740 gefunden hat.

Ich verließ Dünkirchen im Germinal des Jahres 4, um meine Dreiecke wieder fortzusetzen, die sich bis Bourges und Dun-sur-Auron erstreckten.

Ein Signal auf den Turm von Bourges zu setzen, wäre sehr schwierig gewesen. Von irgend einer der benachbarten Stationen hätte er sich notwendigerweise auf das Treppentürmchen oder das Uhrtürmchen projiziert. Dieses wird von einem Pelikan, der als Windfahne dient und 1740 Einstellungsmarke war, überragt. Es erhebt sich um etwa sechs Meter über die Balustrade. Ich beschloß, es auch als Signal zu nehmen. Es ließ sich von Méri und Dun, von wo ich es zuerst sah, sehr gut und leicht beobachten; man konnte es sehr gut von Cullan unterscheiden, auf eine Entfernung von 60000 Metern. Aber, wenn es sich auf die Erde projizierte, wie von Morlac und Morogues, war es sehr schwierig zu erkennen. Von Morlac sah man es immer nur am Ende des Tages. Von Morogues konnte man nichts unterscheiden; man war gezwungen, die Masse des Türmchens zu beobachten, die noch durch einen Pfeiler vergrößert wird, der ein Rad trägt, über welches ein Seil läuft, das den Hammer der Uhrglocke hochhebt.

Der Turm von Morlac war in der Höhe des Kirchendaches abgetragen, so wie viele andere dieses Departements. Ein Volksvertreter hatte sich in einem Briefe an den Konvent gerühmt, daß er alle Glockentürme habe umstürzen lassen, die sich stolz über die niedrige Wohnung der S. . . c. . . erhoben. Man wagt heute nicht mehr, den Titel zu schreiben, mit dem sie sich damals prahlerisch nannten, aus welchem man den anfänglichen Namen der Ersatztage des neuen Kalenders abgeleitet hatte. Indessen habe ich überall gefunden, daß die niedrigen S. . . c. . . sehr ihre Türme vermißten. Ich forderte also die

Bewohner von Morlac auf, den Turm wieder herzustellen, den sie mit soviel Betrübnis hatten fallen sehen. Ich erbot mich, die Hälfte der Kosten zu tragen. Aber sie liebten ihr Geld doch mehr und wollten auf keinen Vorschlag eingehen. Ich machte es dann so, daß ich auf dem Turm eine einfache, mit Brettern verkleidete Pyramide bauen ließ; aber so wie sie war, konnte sie ihre Kirche vor Regen schützen. Ich wollte sie ihnen nach Beendigung der Messungen zum halben Preis abtreten. Auf ihre Weigerung verkaufte ich sie an einen Privatmann für die Summe, die sie nicht hatten geben wollen. Aber als er sie zu entfernen begann, widersetzten sie sich; die Sache wurde vor das nächste Gericht gebracht, und ich erhielt einige Monate darauf eine Anfrage von dem Richter nach einem genauen Bericht über die Tatsachen, um zu entscheiden, wem nun wirklich das Signal gehöre. Den Ausgang dieses großen Prozesses kenne ich nicht.

Der Uhrturm von Dun-sur-Auron wird durch eine leicht einstellbare vierseitige Pyramide abgeschlossen. Indessen bildet ein kleines Dach zum Schutz der Uhr einen Vorsprung von zwei Fuß, das von Bourges aus gesehen und besonders von Morogues, die Beobachtung ein wenig erschwerte.

Nach der Messung von 1740 hatte Herr *v. Béthune-Charost* ein Belvedere in sehr wenig Entfernung von dem alten Signal Préaux bauen lassen. Dieses Belvedere, das von einer achtseitigen Pyramide abgeschlossen wurde, war eines der bequemsten und sichersten Signale, wenn man es, wie von Dun aus, genügend nahe sah, um alle Einzelheiten unterscheiden zu können. Aber von Morlac aus gesehen, hat es uns besonders durch seinen verschiedenen Anblick gestört, nämlich durch die ungleichartige Weise seiner Beleuchtung durch die Sonne zu den einzelnen Tagesstunden. Um daher Beobachtungen zu erhalten, die nicht durch den Sonnenstand verfälscht sind, oder in welchen sich die Fehler notwendigerweise durch die Art ihres Entstehens aufheben mußten, mußte ich den Winkel vom Belvedere nach dem Signal Cullan 170mal messen.

Dieses letzte Signal war nur wenig von dem Signal entfernt, das in der Méridienne vérifiée den gleichen Namen trägt. In Saint-Saturnin habe ich nicht genau die Stelle des früheren Signals finden können; übrigens hätte ich es auch dort nicht aufstellen können. Bäume bedeckten den Horizont, und selbst wenn ich mich etwas von dem Platze entfernt hätte, hätte ich es nur durch Lücken hindurch beobachten können, die vielleicht nicht einmal von Bestand gewesen wären. Dieses Signal war von Morlac aus schwer zu erkennen, und, um mich nicht den gleichen Versehen wie in Morogues auszusetzen, ließ ich ein Feuer am Fuß des Signals anzünden. Was meine Unsicherheit noch vermehrte, war, daß die Zenitdistanz in Morlac um 10′ kleiner als nach der Méridienne vérifiée war. Das Feuer, das in der Dunkelheit brannte, bestätigte die von mir beobachtete Zenitdistanz. Es liegt zweifellos ein Druckfehler in der Méridienne vérifiée auf S. XXXIII vor.

Auf den Bergen von Laage erkannte ich die Stelle des Signals von 1700 sehr gut. Aber keine Spuren von dem von 1740. Ich stellte es also an den Ort, der mir der günstigste erschien.

Als folgende Station wählte ich, wie früher, den Turm von Arphéville. Er war ziemlich schwierig von Cullan aus zu sehen wegen eines großen Baumes, der seinen unteren Teil verdeckte. Das durch diesen Punkt geschlossene Dreieck ist fast gleichschenklig, und der Winkel an der Spitze beträgt etwa 115°. Ich wollte es gern mittels eines Zwischensignals in zwei zerlegen, fand aber zuviel Schwierigkeiten und mußte es so lassen, wie es war.

Der Turm von Sermur und das Signal von Orgnat sind meine letzten Stationen in dieser Zeit. Als ich nach Sermur kam, am 15. Brumaire des Jahres 5, war das Gebirge schon mit Schnee bedeckt. Das Signal von Fagitière konnte nicht mehr zur richtigen Zeit aufgestellt werden, der Turm von Herment konnte vom Fuß des Turmes von Sermur nicht gesehen werden, und die Station Saint Michel ließ sich zu schwer ersetzen; ich wurde also gezwungen, den südlichen Teil dieser Stationen auf den Frühling zu verschieben. Ich hatte Eile, mich nach Évaux zu begeben, wo derjenige, wie wir beschlossen hatten, der am weitesten vorgeschritten war, während des Winters Breitenbeobachtungen in nahezu gleicher Entfernung von Dünkirchen und Barcelona machen sollte.

Für *Méchain* blieben noch neun oder zehn Stationen, wenn man Rodez und Rieupeiroux zählt, für mich blieben zwölf, wenn man auch die beiden Stationen zählt, die wir jeder zur Hälfte erledigen mußten. Aber Evaux war in die von mir gebildeten Dreiecke eingeschlossen. Ich brauchte nicht mehr als einen Tag, mich dorthin von Orgnat, wo ich damals war, zu begeben. *Méchain* war ebenso nahe an Carcassonne. Er wollte in dieser Stadt Azimutbeobachtungen machen. Er entschloß sich also, hier den Winter zuzubringen und dort ebenfalls die Breite zu messen, während ich es in Évaux tun sollte.

Es war Zeit, daß ich ankam. Acht Tage später wäre der Zweck meiner Reise verfehlt gewesen. Obwohl der Winter mit leichter Kälte und klarem Wetter angefangen hatte, hatte ich nicht drei brauchbare Nächte im Nivôse. Die zwei folgenden Monate waren besser. Und obwohl eine Erkrankung von *Bellet*, der in allen meinen Messungen das Niveau bediente, mir ungefähr drei Wochen raubte, machte ich doch ungefähr 1200 Beobachtungen an α und β des kleinen Bären, über und unter dem Pol, und die beiden Sterne stimmten um weniger als eine halbe Sekunde überein. Die durch diese Beobachtungen bestimmte Deklination des Polarsterns ist auf weniger als $^1/_5$ Sekunde die gleiche, wie die aus den gleichzeitigen Messungen *Méchains* in Carcassonne berechnete, und diese Beobachtungen machen nicht nur die Breite von Évaux zuverlässiger, sondern vermehren auch das Vertrauen zu der von Dünkirchen.

Ich war in Evaux am 4. Frimaire. Zur gleichen Zeit zwang *Méchain* die unerträgliche Kälte und der Schnee, der die Berge des Departements Tarn bedeckte, sich nach Carcassonne zu flüchten. Er beschloß, die Dreiecksmessung in den ersten schönen Tagen wieder aufzunehmen und sie noch im gleichen Jahre bis Aubassin und Violan weiterzuführen. Dadurch, daß er diese Stationen übernahm, wollte er es mir überlassen, vor Eintritt des Winters den Anschluß der Grundlinien von Melun an die benachbarten Dreiecke zu bewerkstelligen. Er bestand auf dieser Absicht in allen Briefen, die er an mich aus Carcassonne richtete.

Das schlechte Wetter hinderte ihn, an die Azimutbeobachtungen vor dem 25. Floréal zu denken. Sie wurden zehn Tage danach beendet. Er verwendete dieses Mal nur die Sonne und nicht mehr den Polarstern, weil das die Anwendung von Leuchtsignalen erfordert hätte, die wir niemals in Frankreich anzuwenden gewagt hätten. Die Notwendigkeit der Nachprüfung eines Winkels, die sehr schwierig gewesen zu sein scheint, von dem ich in seinen Manuskripten vier Beobachtungsreihen außer den sechs, die auf Seite 374*) angegeben sind, finden, fesselte ihn in Carcassonne bis zum Ende des Prairial. Im Messidor sandte er *Tranchot* zum Aufbauen der Signale und Aufsuchen einer neuen Station zwischen la Gaste

*) In der Zusammenstellung der Winkelmessungen im Original.

und Montalet aus, um den Dreiecken eine günstigere Anordnung zu geben. *Tranchot* fand dafür Cambatjou. Er selbst rüstete sich zu den Feldarbeiten im Anfang des Thermidor. Aber infolge seines schlechten Gesundheitszustandes verlor er noch den Rest der schönen Jahreszeit.

Ich selbst brach am 12. Germinal von Evaux auf und begab mich mit *Bellet* auf die Suche nach Stationen. Wir fanden nichts, was uns den Platz des Signals von la Fagitière genau angab. Die Station Saint Michel wurde durch die unendlich viel bequemere von Bordes ersetzt. Dieser Punkt, den wir von la Fagitière aus sehr gut gesehen hatten, schien uns viel weiter entfernt zu sein. Wir suchten ihn lange Zeit zwischen Aubusson und Guéret, endlich fand ihn *Bellet* im Südosten von Felletin.

Mit Herment waren wir nicht so glücklich. Diesen Turm sah man nicht mehr von dem unteren Teil des Turmes von Sermur. Wir wollten eine Zwischenstation. Wir suchten eine solche sechs Tage lang, ohne einen Punkt zu finden, von dem man gleichzeitig Sermur, la Fagitière und Herment entdecken konnte, trotzdem diese drei Stationen sehr hoch liegen. Der Umstand, der Herment so schwierig machte, ist der, daß man den oberen Teil des Turmes und die Laterne, in der man sich 1740 aufgestellt hatte, abgetragen hatte; es blieb von dem unteren Teil nur das Zimmerwerk erhalten, welches ganz offen dalag. Ich ließ es mit weißer Leinwand überziehen, weil der Turm von Sermur aus sich auf benachbarte Berge projizierte. Die Farbe dieser Leinwand regte die Bewohner auf, die fürchteten, darin das Banner der Gegenrevolution zu sehen. Ich ließ also auf der einen Seite einen blauen und auf der anderen einen roten Streifen hinzufügen; ein Mittel, das jedermann zu befriedigen schien. Da ich indessen noch nicht genügend sicher war, daß man längere Zeit hindurch mein dreifarbiges Signal respektierte, in dem das Weiß so vorherrschte, veranlaßte ich die Departementsverwaltung von Puy de Dôme zu einem Erlaß, der es unter den Schutz der Lokalbehörden stellte, und tatsächlich wurde es immer respektiert. Das von Bort dagegen wurde häufig insultiert, und ohne den Eifer und die Bemühungen der Behörden der Stadt wäre es nicht lange stehen geblieben. Am gleichen Tage, an dem es gebaut war, hatte ein heftiges Unwetter die Umgegend von Bort verheert und die Straßen der Stadt bis zu drei Fuß Höhe mit Erde und Steinen angefüllt, die die Gewässer von der Höhe der

Gebirge abgerissen hatten. Man hatte für die Brücke über die Dordogne gefürchtet. Man hielt sich an unser Signal, das der Grund für die Verwüstungen zu sein schien. Man schrieb ihm auch die dauernden Regengüsse zu, die während etwa zwei Monaten alle Feldwirtschaft in den Bergen unmöglich machten. Mehr als einmal wollte man es umstürzen. Ahnlich ging es mit dem in Meimac. Glücklicherweise lagen sie beide an abgelegenen Orten und boten einen wenig bequemen Zugang.

Der Platz für das Signal in Aubussin wurde bei schrecklichem Unwetter ausgewählt. Regen und Nebel verdeckten die Aussicht schon nach drei Schritt. Man konnte keine Spur des alten Signals finden. Man hatte dabei in Violan keine große Auswahl, so eng ist der Kamm des Gebirges. Aber auch dieser Grund hinderte uns, das Signal an die Stelle des alten zu setzen, das vermutlich nur ein ganz an den Abhang nach Aubussin zu gepflanzter Baumstamm war. Von der Stadt Salers aus, wohin wir bei immer noch regnerischem Wetter am 20. Prairial gekommen waren, sahen wir Violan sich in einem Augenblick mit Schnee bedecken. Er schmolz am folgenden Tage und machte den Zugang zum Gebirge mehr unangenehm als schwierig. *Bellet* ersparte mir die Mühe dieses Besuches, wie er es auch schon für Aubussin getan hatte. Von Aurillac bis Montsalvy wurden wir von einem ganz fürchterlichen Unwetter begleitet. Wir legten unseren Weg in der Wolke selbst zurück, beim Aufleuchten der Blitze und beim dauernden Rollen des Donners.

Von dort aus besuchten wir die Kapelle Saint-Pierre. Sie ist verlassen und hat kein Tor mehr. Der Turm steht nur noch zur Hälfte. Ein Baum steht an der ersten Ecke links, wenn man von Montsalvy kommt. 1740 hatte man von Violan diese beiden nicht genügend genau unterscheiden können und sie gemeinsam beobachtet (Meridienne verifiée Seite XL). Einige Meter von der Kapelle findet man einen für das Signal geeigneten Platz. Man sieht von hier deutlich alle Punkte, die wir brauchten. Nur la Bastide erschien uns ziemlich verschwommen, trotzdem es ziemlich hoch liegt. Man konnte das Signal von Montsalvy aus erreichen, wenn man es auf einer Anhöhe aufstellte, die man links von der Kapelle kommend findet. Aber im Norden von Montsalvy, ein wenig nach Osten zu liegt ein anderer Berg, mit Namen Puech l'Arbre oder Puy de l'Arbre; er liegt nahe an der Stadt, mit der er den Puy Violan verdeckt. Ich entschloß mich, ihn als Station zu nehmen.

Bei der Reise nach la Bastide besuchten wir die in der Meridienne verifiée unter den Namen Saint-Mamet bezeichnete Kapelle, die diesem Dorf nahe liegt. Sie führt aber den Namen Saint Laurent.

In la Bastide fand ich nur eine Möglichkeit, eine Beobachtungsstation zu erhalten; diese war, das Signal auf den Turm zu setzen. Aber der Turm ist mit einem Stein bedeckt, eine Art Schiefer, dick und schwer, von dem man kein Stück entfernen kann, ohne sich der Gefahr auszusetzen, alles zu zertrümmern. Man hätte an Stelle des Daches eine Art Observatorium bauen müssen, überragt von einer Pyramide, wie bei unseren Signalen in Châtillon, Melun und Lieursaint. Der Mangel an Arbeitern und Materialien machte dieses Mittel zu langsam und kostspielig. Ich wollte nicht, wie im Jahre 1740, der Reihe nach verschiedene Punkte als Einstellungsmarken nehmen, die voneinander um 33 Meter entfernt sind. Ich war also gezwungen, 133 Toisen von dem Turm eine Pyramide von 5 Toisen Höhe zu bauen, die ich mit Stroh von oben bis unten verkleiden ließ; sie war aber nichtsdestoweniger vom Puy Violan sehr schwer zu unterscheiden, weil sie sich auf benachbarte Objekte projizierte, ein Übelstand, den ich unter so vielen anderen Schwierigkeiten nicht hatte vermeiden können.

Von la Bastide und Montsalvy erkannte ich, daß der Turm von Rodez und der kleine Turm von Saint Jean de Rieupeiroux mir zwei Signale ersparen könnten. Dann eilte ich nach Sermur zurück, wo ich meine Beobachtungen am 10. Prairial wieder aufnahm, nach 58 Tagen vorbereitenden Reisen. Ich maß meinen letzten Winkel am 10. Fruktidor in Rodez; und diese zwölf Stationen bedurften nur zweier Monate tatsächliche Arbeit.

Ich hatte während der ganzen Zeit keine Nachricht von *Méchain*. Am 6. Fruktidor entdeckte ich sein Signal von la Gaste, das ich vergeblich an den vorhergehenden Tagen gesucht hatte. Am 7. traf ich *Tranchot* auf der Reise von Rieupeiroux nach Rodez. Er hatte seinen Auftrag, den ihm *Méchain* übergeben hatte, ausgeführt. Alle Signale waren an Ort und Stelle. Nichts hinderte seine Rückkehr nach Paris, das er seit Juni 1792 nicht wieder betreten hatte. *Méchain* hatte in Carcassonne einen jungen Mann gefunden, von dem er auf S. 293 lobend spricht. Er wollte keine andere Hilfe zur Beendigung der übrig bleibenden Beobachtungen zwischen Carcassonne und Rieupeiroux. Er rechnete darauf, sie vor der schlechten Jahreszeit beenden zu können. Aber seine physischen Kräfte entsprachen nicht seinem Eifer. Ich entnehme es einem Briefe, den er mir am 20. Brumaire des Jahres 6 schrieb, »daß eine ziemlich schwere Unpäßlichkeit die ganz unfreiwilligen Aufenthalte noch verlängere. Ich war«, schrieb er mir, »zwei ganze Monate in dem Schwarzen Gebirge aufgehalten worden, ohne dort zwei Stunden zu finden, in denen ich fortlaufend beobachten konnte. Ich habe die Station Nore nur unter Aufbietung aller Ausdauer und mit großen Mühen beenden können. Ich fühle einen tiefen Schmerz, weil ich die Unmöglichkeit sehe, weiter zu kommen. Ich fürchte weder Müdigkeit noch Kälte, aber es würde erfolglos sein, wenn ich ihnen zu trotzen versuchte. . . . Bei dieser grausamen Lage habe ich mich entschlossen, in diesem trostlosen Exil zu bleiben, fern von allem, was mir das liebste in der Welt ist. Ich opfere alles, ich verzichte auf alles, als daß ich ohne meinen Anteil der Arbeit, den Ihr mir selbst habt vermindern wollen, beendet zu haben, zurückkehre. Ich werde also die Wiederkehr der günstigen Jahreszeit abwarten. Ich werde die Zwischenzeit verwenden, die Redaktion zu beenden, und in den ersten schönen Tagen werde ich mit der Messung der Winkel wieder beginnen. Ich werde alle Kraft daran setzen, sie vor dem Ende des Floréal zu beenden, rechtzeitig, um noch an der Messung der Grundlinien teilnehmen zu können. . . . Aber um keinen Preis werde ich zurückkehren, bevor ich meine Aufgabe vollständig gelöst habe.« Dieser Entschluß, in dem ich ihn seit langer Zeit fest wußte, hinderte mich daran, auf meinem Angebot zu bestehen, über Rodez hinaus die Messung fortzusetzen, bis ich ihn erreicht hätte; trotzdem er mir zu anderer Zeit vorgeschlagen hatte, mir bis Sermur oder bis Bourges sogar entgegenzukommen, wenn ich zuviel Hindernisse fände. Mir blieben nur noch einige Winkelmessungen in Brie, Malvoisine und Montlhéri. Ich hatte die Messung der Grundlinien vorzubereiten und die von Melun an die benachbarten Dreiecke anzuschließen. Man kann auf S. 126 sehen, welche Mühe uns vom Turm von Brie das Signal Montlhéri machte, trotz der Vorsicht, dieses Signal weiß anzustreichen und den Turm, auf den es sich projizierte, schwarz.

Am 17. Vendémiaire des Jahres 6 gingen *Laplace* und ich nach Melun, um endgültig die Enden der Basis festzustellen und die Signale in Ordnung zu bringen. Die Straße ist auf beiden Seiten mit Bäumen bepflanzt und macht bei etwa ein Drittel der Basis einen kleinen Knick. Dieser Umstand bewirkt, daß die beiden Enden einander unsichtbar sind, und verlangt hohe Signale. Sie konnten erst im Nivôse beendet werden. Trotz ihrer Höhe waren sie noch unsichtbar. Man mußte die Zweige, die die Aussicht versperrten, feststellen und abschneiden. Das dauerte sechs Wochen. Sobald es beendet war, maß ich alle Winkel der beiden Hilfsdreiecke, die am 7. Ventôse des Jahres 6 beendet waren.

Die Maßstäbe, die zur Messung der Grundlinie dienen sollten, waren nicht fertig. Ich wartete auf sie bis zum Ende des Germinal. Die ersten Tage dieses Monats wurden zur Feststellung der Alignierung der Basis gebraucht. Die ganze Messung erforderte dann 38 Tage, ohne drei Regentage zu zählen, an denen es unmöglich war, etwas zu tun. Bei einer Arbeitszeit von 9 Uhr morgens bis Sonnenuntergang konnten wir niemals mehr als 360 Meter in einem Tage messen, d. h. nicht mehr als 90 Maßstäbe mit ihren Enden aneinanderlegen.

Diese Messung wurde am 15. Prairial beendet. Mein Plan war zunächst, sie alsbald im entgegengesetzten Sinne zu wiederholen. Aber als ich berechnete, wieviel Zeit ich für diese zweite Messung brauchte, sah ich ein, daß man dann die Messung der Grundlinie von Perpignan auf das folgende Jahr verschieben müsse; und ich dachte, daß es besser sei, zwei Grundlinien in 66 Myriameter (etwa 160 Meilen) Abstand zu haben, als zwei Messungen der Grundlinie zu Melun, um so mehr, als ihre Nähe uns ermöglicht, sie nach Belieben zu wiederholen. Übrigens gab ich nicht die Hoffnung auf, daß wir, *Méchain* und ich, wieder genügend früh zurückkehren können, um gemeinsam die zweite Messung im Herbst ausführen zu können und sie in Gegenwart der fremden Gelehrten zu vollenden, die die ersten zu der für den 15. Vendémiaire des Jahres 7 festgesetzte Zusammenkunft sein würden.

Man weiß, daß der erste Vorschlag gewesen war, die Königliche Gesellschaft in London einzuladen, mit der Akademie der Wissenschaften an der Festsetzung der Fundamentaleinheit mitzuwirken. Aber die vorgeschlagene Einheit war damals die Pendellänge. Die Messung des Meridianbogens war ein viel umfangreicheres Unternehmen und ein viel länger dauerndes, als daß man die angenehme Hoffnung hätte haben können, sie durch Abgesandte zweier Völker beendet zu sehen, wo so viele wahrscheinliche und naheliegende Gründe das gute Einvernehmen zwischen ihren Regierungen hätte stören können. Die Ereignisse bewiesen nur zu früh, wie diese Befürchtung begründet war. Aber als die Messungen beendet waren, bot es, bevor man die Folgerungen daraus zog, keine Schwierigkeiten, ja man mußte dabei sogar einen tatsächlichen Vorteil erblicken, die Arbeit der Prüfung aller Gelehrten Europas zu unterbreiten. Und alle befreundeten und auch nur neutralen Staaten wurden zur Ernennung von Abgeordneten zu diesem in seiner Art ganz neuen Kongreß aufgefordert.

Der festgesetzte Zeitpunkt war ganz nahe. Man hatte keinen Augenblick zu verlieren. Einige Vorbereitungen und einige Verzögerungen in der Auszahlung der erforderlichen Geldmittel hielten mich in Paris bis zur Mitte des Messidor fest. Man konnte mit dem für eine Basismessung erforderlichen Zubehör nicht schnell reisen. Ich konnte erst am 4. Thermidor in Perpignan eintreffen. Alsbald befaßte ich mich mit dem Aufrichten der beiden Signale an den Enden der Basis. Die Alignierung dauerte allein sieben Tage und die Messung 41, ohne die drei Tage, an denen ein heftiger Wind uns zur Untätigkeit zwang. Man sieht also, daß man unter den günstigsten Umständen es nicht erreichen kann, eine Basis von 12000 Metern mit aller Sorgfalt und Überlegung in weniger als 50 Tagen zu messen, da, in den günstigsten Jahreszeiten und trotz der Vorteile eines sehr gleichmäßigen Terrains, die Grundlinie von Melun 45 Tage erforderte, die von Perpignan 51, alles eingerechnet. Es ist wahr, daß die Notwendigkeit, die Unterbrechungsstellen der Messung am Abend am Erdboden festzulegen, derart, daß man sie am nächsten Morgen ohne jede Unsicherheit wieder findet, die Arbeit, alle Instrumente in ihre Kästen zu verpacken und sie an einen sicheren Ort zu bringen, sie am Morgen wieder hervornehmen, der weite Weg, um sein Nachtquartier aufzusuchen, alles das erfordert jeden Tag beträchtliche Zeit, die man erspart hätte, wenn man hätte in der Nähe der Maßstäbe wohnen können, um welche Wächter gewacht hätten. Aber keines dieser Mittel lag in unserer Macht; überdies hatten wir nicht die unbedingt erforderliche Anzahl von Mitarbeitern, und niemand hatte während des Tages einen Augenblick zur Erholung Zeit.

Die Basis von Perpignan wurde am 1. Ergänzungstage des Jahres 6 beendet. Ich benachrichtigte davon sofort *Méchain* und bat ihn um seine Dreiecke, um festzustellen, wie die Grundlinien miteinander übereinstimmten. Schon im vorhergehenden Winter hatte ich ihm meine mitgeteilt. Er hatte sie neu berechnet und mir alle seine Resultate während meines Aufenthaltes in Melun zugesandt. Während ich auf seine Antwort wartete, berechnete ich die verschiedenen Reduktionen dieser Grundlinie, die Reduktion auf die Horizontale, auf Meereshöhe und auf die Mitteltemperatur von 13° Réaumur.

Hindernisse jeder Art hatten *Méchain* gegen seine Erwartung zwischen Carcassonne und Rodez zurückgehalten. Von dieser Stadt aus und von Rieupeiroux hatte er die Fortsetzung seiner Arbeit begonnen, am 1. Thermidor des Jahres 6. Von da war er der Reihe nach nach la Gaste, Puy Saint-Georges und Mont Rédon fortgeschritten; und von dieser Station aus schrieb er mir am 19. Fruktidor:

»Ich habe alle Signale wieder herstellen lassen und zu den naheliegendsten Mitteln gegriffen, sie zu sichern. Ich habe an die Zentral- und Stadtverwaltungen geschrieben. Ich habe die Anwendung behördlicher Macht verlangt. Bei dem Signal von Montalet mußte man zur Gewalt Zuflucht nehmen. Klatsch, der sich verbreitet hatte, und der Fanatismus hatten das Volk so sehr in Erregung gebracht, daß man das Signal zerstörte, sobald es aufgebaut war, ohne auch auf einen gedruckten Anschlag zu achten, den das Departement hatte dort anheften lassen. Man richtet das Signal wieder auf und stellt Wachen dabei auf. Dann braucht man nichts mehr zu fürchten. Ich habe auch an mehrere andere Signale Wachen aufstellen müssen. Im Norden von Rodez war es ruhiger. Eine Signale la Bastide und Montsalvy sind immer noch unversehrt . . . Ihr könnt darauf rechnen, daß Ihr in kurzer Zeit alle meine Winkel erhalten werdet.«

Zehn Tage danach sandte er mir seine Dreiecke von Barcelona bis Carcassonne. Er beendete dann die Messungen am Cambatjou. Dann blieben ihm noch die Stationen Montalet und Saint Pons. Montalet beendete er am 9. Vendémiaire des Jahres 7. Nach der Messung der Grundlinie hatte ich mich nach Narbonne begeben und dann nach Carcassonne, um *Méchain* näher zu sein, um ihn leichter erreichen zu können, und ihm zu helfen, falls er erkrankte. Am 15. Vendémiaire sandte er mir von Saint Pons alle Dreiecke bis Alaric und Carcassonne, in denen nur noch zwei Winkel fehlten, die ich aus den mir mitgeteilten berechnen konnte. Der Bote, der mir diese Dreiecke brachte, nahm für ihn die Länge der Grundlinie von Perpignan mit, und am 1. Brumaire schrieb er mir von Saint Pons de Thomières, daß seine Messungen beendet wären, und daß er mich bald in Carcassonne treffen wollte; und als Postskriptum fügte er hinzu: »Mir scheint nach überschlägiger Berechnung, daß die Grundlinie von Perpignan, aus der von Melun berechnet, um etwa $1^3/_4$ Toisen kürzer ist als die gemessene.« Nach meinen mit mehr Muße gemachten Berechnungen, bei denen ich aber einige kleine Reduktionen, für die ich nicht mehr Zeit zur Berechnung fand, vernachlässigen mußte, fand ich nur etwa 4 Zoll; aber als alle Reduktionen angebracht waren, betrug die Differenz 10 bis 11 Zoll. Wir haben oben bemerkt, daß im Jahre 1718 sich 3 Toisen oder 216 Zoll Differenz zwischen den Grundlinien von Juvisi und Perpignan ergeben hatten.

Am 7. schrieb mir *Méchain*, daß er nach neuen, sorgfältiger angestellten Berechnungen 6006,1983 Toisen für die Grundlinie von Pergignan nach der von Melun gefunden hatte, an Stelle von 6006,27 Toisen, die die Messung ergeben hatte. »Ich gestehe«, schrieb er, »daß ich es nicht erwartet habe, dem Wert so nahe zu kommen, da ich nach einer sehr eiligen Überschlagsrechnung, wie ich es Euch mitgeteilt hatte, einen Unterschied von 1,75 Toisen gefunden hatte. Aber ich versichere, daß alle Winkel der Dreiecke von Rodez bis Carcassonne so bestimmt waren, wie ich sie Euch gesandt habe, bevor ich die erste Zeile meiner Berechnungen niedergeschrieben hatte*). Ich hatte nur die Längen der Seiten in meinem alten Maßstab angenähert berechnet, um die Reduktionen auf das Zentrum berechnen zu können; und nach diesem Näherungswert glaubte ich, den Unterschied von 1,75 Toisen zwischen der zuerst erstmalig berechneten Grundlinie und der tatsächlichen Messung zu entdecken.«

*) Es ist ebenso sicher, daß alle meine Winkel von Dünkirchen bis Rodez seit noch längerer Zeit bestimmt waren, da *Méchain* sie alle vor sechs Monaten berechnet hatte. Meine Grundlinie von Melun war ebenso bestimmt und *Borda*, *Méchain* und mehreren meiner Kollegen mitgeteilt. Als ich an *Méchain* schrieb und ihm die Länge der Grundlinie von Perpignan mitteilte, fehlten mir noch die Winkel zwischen Carcassonne und Rodez. Der gleiche Bote, der mir diese Dreiecke brachte, nahm für ihn sofort die Länge meiner Grundlinie mit. Es lag nicht mehr in meiner Macht etwas daran zu ändern, als ich mit der Berechnung der Dreiecke, die die Lücke ausfüllten und die Verbindung bewerkstelligten, begann. Auch das Mißgeschick, das den Schluß der Arbeiten von *Méchain* so sehr verzögerte, konnte nur dazu dienen, den Beobachtungen eine größere Sicherheit zu geben, und es wäre schwer gewesen, sich eine Kombination auszudenken, welche sicherer jeden Gedanken an eine Beeinflussung unmöglich gemacht hätte. Den Beweis für alles dieses kann ich aus den Originalbriefen von *Méchain* führen, die ich mit allen anderen Belegstücken aufbewahre.

Wenige Tage nach diesen Schreiben besuchte er mich in Carcassonne, und wir kehrten gemeinsam nach Paris zurück, wo wir in den ersten Tagen des Frimaire des Jahres 7 eintrafen.

Meine erste Sorge war, bevor ich nach Melun zur Basismessung fuhr, die Prüfung des Zustandes der Maßstäbe gewesen, die ich durch eine Vergleichung in der Werkstatt von *Lenoir* in seiner Gegenwart, mit seiner und *Bellets* Hilfe ausführte. Am 6. Frimaire führte ich in der gleichen Weise eine entsprechende Vergleichung aus. Sie bewies wie die erste, daß die Maße sich nicht im geringsten geändert hatten. Den gleichen Schluß zog man aus einer noch sorgfältigeren Vergleichung durch eine spezielle Kommission, deren Protokoll, durch *Méchain* redigiert, in der Fortsetzung dieses Werkes erscheinen wird.

Die fremden Gelehrten, die die Einladung nach Paris für die ersten Tage des Jahres 7 erhalten hatten, um eine genauere Kenntnis von den ausgeführten Arbeiten zu bekommen und ihre Kenntnisse und Fähigkeiten zur Verfolgung der weiteren Konsequenzen mitwirken zu lassen, die in möglichst einwandsfreier Art die Grundeinheit des Maßsystems festsetzen sollten, diese Abgesandten waren größtenteils vor der angegebenen Zeit eingetroffen und erwarteten seit zwei Monaten unsere Rückkehr. Dieser Umstand machte uns die unvorhergesehenen Schwierigkeiten und Hindernisse, die *Méchain* aufgehalten hatten, noch fühlbarer. Ich versuchte, wenigstens die 50 Tage auszunutzen, die ich in Narbonne und Carcassonne nach der Messung meiner zweiten Grundlinie zuzubringen gezwungen war. Es gelang mir dabei, alle Teile der Messung zu berechnen, durch die ich von da ab das endgültige Resultat, und damit die Länge des Meters erhielt. Aber dieses Resultat war zu wichtig, als daß man es sozusagen auf guten Glauben hin annehmen konnte. Man hatte beschlossen, alle Rechnungen sorgfältig kontrollieren, oder durch die Kommissare wiederholen zu lassen. *Méchain* brauchte einige Zeit, seine letzten Beobachtungen zu ordnen und zu berechnen. Er konnte einige leichte Verbesserungen anbringen, die aber bei einer Gelegenheit, wo man die größte Präzision verlangte, tatsächlich bedeutungsvoll waren. Man beschloß, alle Operationen, die zu dem gleichen Ziele führten, getrennt zu prüfen. Man begann damit, vor den Augen der Kommission alle Instrumente, die zu den geodätischen und astronomischen Messungen gedient hatten, aufzubauen, die Repetitionskreise, die Platinmaße und alles Zubehör. Man verlas in den allgemeinen Versammlungen die Berichte von *Borda* über die Konstruktion dieser Maße und über die Prüfungen, denen man sie unterzogen hatte. Er berichtete über seine Pendelexperimente. Man wiederholte einige dieser Versuche. Man demonstrierte die Methode einer Basismessung und einige Messungen von Horizontalwinkeln und Zenitdistanzen. Nach diesen allgemeinen Konferenzen hielt man die Bildung von speziellen Kommissionen für wünschenswert, zur Prüfung aller Einzelheiten der Beobachtungen und zur Wiederholung der Rechnungen.

Die fremden Gelehrten, die an dieser Arbeit teilnahmen, waren *Aeneæ* und *van Swinden*, Abgesandte der Batavischen Republik, *Balbo*, Abgesandter des Königs von Sardinien, später durch *Vassalli Eandi* vertreten, der durch die provisorische Regierung von Piemont entsandt war, *Bugge*, Abgesandter des Königs von Dänemark, *Ciscar* und *Pédrayés*, Abgesandte des Königs von Spanien, *Fabbroni*, Abgesandter von Toscana, *Franchini*, Abgesandter der Römischen Republik, *Mascheroni*, Abgesandter der Cisalpinischen Republik, *Multedo*, Abgesandter der Ligurischen Republik, und *Tralles*, Abgesandter der Helvetischen Republik.

Die französische Kommission hatte einige Veränderungen seit dem Erlaß vom 28. Germinal des Jahres 3 erfahren. Wir hatten *Vandermonde* verloren, *Berthollet* und *Monge* waren in Ägypten, sie waren durch *Darcet* und *Lefèvre-Gineau* ersetzt.

Die speziell mit der Prüfung der geodätischen und astronomischen Operationen betraute Kommission setzte sich aus *Tralles*, *van Swinden*, *Laplace* und *Legendre* zusammen.

Sie prüfte alle Einzelheiten der Messungen der zwei Grundlinien, sah die doppelten Originalprotokolle eir, in denen alle Einzelheiten der Arbeit mit allen Reduktionselementen aufgenommen waren, und nahm an, daß die Form der Protokolle, das gleichmäßige Vorgehen, das man eingehalten hatte, jeden merklichen Fehler hätte zeigen müssen, und daß die Übereinstimmung der beiden so weit voneinander entfernten Grundlinien jede weitere Prüfung überflüssig mache; infolgedessen nahm man als Grundlage für alle folgenden Berechnungen die folgenden beiden Längen auf Meereshöhe und auf die Temperatur $16^1/_4{}^0$ des hundertteiligen Thermometers reduziert an:

Grundlinie von Melun: 6075,900069 Toisen,
Grundlinie von Perpignan: 6006,247848*) Toisen.

Die Kommission schritt dann zur Prüfung der drei Winkel jedes Dreieckes, prüfte die verschiedenen Beobachtungsreihen jedes dieser Winkel, erwog alle Umstände und die in den Originalprotokollen aufgezeichneten Bemerkungen und außerdem die durch beide Beobachter gegebenen Erläuterungen und verfertigte dann die Zusammenstellung der Winkel, so wie sie am geeigneten Orte wiedergegeben werden wird, und dann begannen die Rechnungen. Sie wurden alle von vier verschiedenen, *Tralles*, *van Swinden*, *Legendre* und mir, getrennt ausgeführt. Jeder brachte seine Rechnungen mit, und man verglich die Resultate, die man als richtig annahm, wenn sich unter ihnen nur unmerkliche Differenzen ergaben, wie man sie bei so langen und schwierigen Arbeiten nicht vermeiden kann.

Einer ähnlichen Prüfung unterwarf man die Azimutbeobachtungen in Watten, Bourges, Carcassonne und Montjoui, dann konnte man den gemessenen Bogen der Erde berechnen. Wir, *Méchain* und ich, legten unsere Breitenbeobachtungen in Dünkirchen, Paris, Evaux, Carcassone und Montjoui vor. Man kannte so den Himmelsbogen. Die Vergleichung dieses Bogens mit dem in Peru gemessenen gab als Abplattung $^1/_{334}$, und man berechnete daraus die Länge des Viertelkreises eines Meridians zu 5130740 Toisen und das Meter zu 443,295936 Linien.

Während dieser Arbeit bestimmten wir, *Méchain* und ich, jeder aus 1800 Beobachtungen die Polhöhen unserer Observatorien, um daraus die des Pantheons, eines der Knotenpunkte unserer Dreiecke, zu berechnen; und diese Breiten stimmen bis auf weniger als ein Sechstel einer Sekunde überein. Im folgenden Sommer bestimmte ich noch aus einer großen Anzahl von Beobachtungen das Azimut des Pantheons von der Terrasse meines Observatoriums; aber diese Arbeit, deren Einzelheiten und Resultate ich mitteilen werde, wurde zu spät fertig, um noch der Kommission vorgelegt zu werden, und sie war auch für das Hauptziel unserer Arbeiten nicht erforderlich.

Die Spezialkommission für den Viertelkreis des Meridians und die Länge des Meters war aus *van Swinden*, *Tralles*,

*) Diese Zahl erfährt noch eine kleine Korrektion, die sie auf 6006,25 Toisen bringt. Man vergleiche in dem folgenden Bande das Kapitel über die Grundlinien.

Laplace, *Legendre*, *Ciscar*, *Méchain* und mir zusammengesetzt. Der von *van Swinden* redigierte Bericht datiert vom 6. Floréal des Jahres 7.

Die mit der Prüfung der Maßstäbe und der Feststellung ihrer Verhältnisse zu den Toisen des Nordens, von Peru und von Mairan betraute Kommission bestand aus *Multedo*, *Vassalli*, *Coulomb*, *Mascheroni* und *Méchain* und erstattete ihren Bericht am 21. Floréal des Jahres 7.

Fabbroni hatte sich mit *Lefèvre-Gineau* zur Vollendung der Arbeit über die Festsetzung der Gewichtseinheit zusammengetan. Die mit der Prüfung dieser Versuche und der Protokolle beauftragte Kommission bestand aus *Tralles*, *Vassalli*, *Coulomb*, *Mascheroni* und *van Swinden*. *Tralles* erstattete seinen Bericht »über die Einheit des Gewichtes« am 11. Prairial. Diese beiden Berichte, die *van Swinden* vereinigte und umarbeitete, wurden in einer Generalversammlung des Institutes verlesen, und einen Auszug aus diesem Bericht hörte man mit größtem Interesse in der öffentlichen Sitzung vom 15. Messidor. Am 4. des gleichen Monats hatte das Institut der Gesetzgebenden Versammlung die Prototype des Meters und Kilogrammes aus Platin überreicht, die sofort im Archiv, in Ausführung des Artikels II des Gesetzes vom 18. Germinal des Jahres 3, niedergelegt wurden.

Um diese große und verdienstliche Arbeit ausreichend in die Öffentlichkeit zu bringen, die sie verdient, und um die gegenwärtige Generation und auch die folgenden in den Stand zu setzen, zu beurteilen, bis zu welchem Grade der Genauigkeit man bei Anwendung aller Kenntnisse am Ende des achtzehnten Jahrhunderts hat kommen können, bleibt nur noch übrig, in einem speziellen Werk und in der größten Übersichtlichkeit die verschiedenen Arbeiten auseinanderzusetzen, die die Kommissare des Instituts ausgeführt haben. Dieses ist der Gegenstand des vorliegenden Werkes, dessen Druck, vor sechs Jahren begonnen, durch ein Zusammentreffen von Umständen unterbrochen wurde, über die heute zu berichten unnütz ist, und besonders durch die Reise von *Méchain* nach Spanien, um unsere Meridianmessung bis zu den Balearen fortzusetzen, entsprechend dem Plan, den er 1792 gefaßt hatte und auf ruhigere Zeiten zu verschieben gezwungen war. Nach unerhörten Zwischenfällen hatte er seine Dreiecke von Barcelona bis Tortosa weitergeführt, alle seine Stationen waren bis Cullera ausgewählt und geprüft. Er hatte in dem Königreich Valencia einen für eine Basismessung geeigneten Platz gefunden; noch sechs oder sieben Dreiecke, und er hätte seine Messung bis an den Berg mit Namen los Masons in Ivice ausgedehnt. Drei Monate mußten zu diesen Messungen ausreichen. Während des Winters mußte er die astronomischen Messungen am Südende der neuen Basis machen. Im Monat März mußte er die Basis von Oropesa messen. Bei seiner Rückkehr beabsichtigte er, Pendelmessungen unter 45° anzustellen, und uns im Sommer des Jahres 14 über die schöne Vollendung von so umfangreichen Arbeiten Bericht zu erstatten. Ein epidemisches Fieber, die äußersten Anstrengungen, die er mit einer Ausdauer, die man trotz der Bewunderung dafür nur beklagen kann, haben ihn in seinem Laufe aufgehalten, und wir haben ihn am dritten Ergänzungstage des Jahres 13 in Castellon de la Plana im Königreich Valencia begraben.

Nach dieser historischen Notiz, in der ich alles das darzustellen versucht habe, was die, welche zu ähnlichen Arbeiten berufen werden, interessieren könnte, und über die Umstände berichtet habe, die uns oft das zu tun gehindert haben, was wir in glücklicheren Zeiten versucht hätten, will ich in möglichster Kürze, ohne etwas von dem auszulassen, was mir nützlich erscheint, die Einzelheiten der Vorsichtsmaßregeln und der Methoden, die ich bei meinen Beobachtungen und Rechnungen angewendet habe, beschreiben.

Bestimmung des Meters.

Nach der Formel 41) in Band II, Seite 677, in der man zur Abkürzung

$$C = \frac{0{,}0000864 \cdot 1{,}570796326795}{\sin 1''} = \frac{0{,}0000432 \cdot \pi}{\sin 1''}$$

setze, erhält man als Ausdruck für die Länge des Meters[5]) in Linien

$$\mu = C\frac{A'-A}{L'-L} + c\frac{A'-A}{L'-L} \cdot \frac{(\tfrac{4}{3}e^2 + \tfrac{3}{4}e^8)\sin(L'-L)\cos(L'+L)}{(L'-L)\sin 1''}$$

$$+ \frac{9}{16}e^4 C\frac{A'-A}{L'-L}\,\frac{\sin^2(L'-L)\cos^2(L'+L)}{(L'-L)^2\sin 1''}$$

$$- \frac{15}{128}e^4 C\frac{A'-A}{L'-L}\,\frac{\sin 2(L'-L)\cos 2(L'+L)}{(L'-L)\sin 1''}$$

$$= C\frac{A'-A}{L'-L} + C\frac{A'-A}{L'-L}\,\frac{\tfrac{3}{2}a(1+a)\sin(L'-L)\cos(L'+L)}{(L'-L)\sin 1''}$$

$$+ \frac{15}{32}a^2 C\frac{A'-A}{L'-L}\,\frac{\sin 2(L'-L)\cos 2(L'+L)}{(L'-L)\sin 1''}$$

$$- C\frac{A'-A}{L'-L}\left[\frac{\tfrac{3}{2}a(1+a)\sin(L'-L)\cos(L'+L)}{(L'-L)\sin 1''}\right]^2 \sin 1''.$$

Der letzte Ausdruck wird für Frankreich unmerklich.

Wenden wir diese Formel auf unseren ganzen Bogen an, so haben wir

$L' =$	$51^\circ\ 2'\ 9{,}2''$	Breite von Dünkirchen		
$L =$	$41^\circ\ 21'\ 44{,}96''$	Breite von Montjoui		
$L' - L =$	$9^\circ\ 40'\ 24{,}24''$		$\log 0{,}0000432$	5,63548375
$2(L' - L) =$	$19^\circ\ 20'\ 48{,}48''$		$\log \pi$	0,49714987
$L' + L =$	$92^\circ\ 23'\ 54{,}16''$		$C \cdot \sin 1''$	5,31442513
$2(L' + L) =$	$184^\circ\ 47'\ 48{,}32''$		$\log C$	1,44705875
$A' - A =$	551583,6	Bogen der Erde		

$\log C$	1,447 058 75
$\log (A' - A)$	5,741 611 54
$C \cdot \log (L' - L)$	5,458 118 32.
443,392 71 Linien	2,646 788 61.
$C \cdot \sin 1''$	5,314 425 13.
$\sin (L' - L)$	9,225 391 36.
$\cos (L' + L)$	— 8,621 668 10.
1,5	0,176 091 26.
log — 27,700 19	1,442 482 785
Doppeltes dieses log	2,884 96
$\sin 1''$	4,685 57
— 0,003 72	7,570 53.

Dieser Ausdruck wird mit a^2 multipliziert unmerklich.

443,392 71 Linien	— 2,646 788 6
15 : 32 = 0,468 75	9,670 941 3
$C \sin 1''$	5,314 425 1
$C (L' - L)$	5,458 118 3
$\sin 2(L' - L)$	9,520 202 1
$\cos 2(L' + L)$	— 9,998 476 3
+ 406,3981 Linien	2,608 951 7.

Nun vereinigt man nach unserem ganzen Bogen die drei letzten Koeffizienten, die von a^2 abhängen:

$$\mu = 443{,}392\,71 - 27{,}700\,19\,a + 378{,}6942\,a^2 \text{ (in Linien).}$$

Man erhält so nach den verschiedenen Annahmen über die Abplattung die folgenden Werte für das Meter

Abplattung	Meter	Differenz
1 : 150	443,224 87	
1 : 200	443,263 68	
1 : 250	443,287 97	
1 : 300	443,304 59	
		0,002 71
1 : 310	443,307 30	
		0,002 55
1 : 320	443,309 85	
		0,002 40
1 : 330	443,312 25	
Kugel	443,392 71	

Nun geht die allgemeine Meinung der Geometer und Astronomen dahin, daß die Abplattung wahrscheinlich zwischen $\frac{1}{300}$

und $\frac{1}{320}$ liegt. Man sieht daher, daß das Meter sich wenig von 443,30 Linien unterscheiden kann. Infolgedessen, und um nicht den Anschein einer größeren Genauigkeit zu beanspruchen, als man verantworten kann, zu erwecken, hatte ich der Kommission vorgeschlagen, die runde Zahl 443,3 Linien festzusetzen, eine leicht zu behaltende Zahl, die aus unseren Messungen ganz allein ohne weitere Annahmen hervorgeht.

Ich hatte noch bemerkt, daß die Unsicherheit, die aus der Abplattung entsteht, viel geringer wird, wenn man einen Bogen wählt, dessen äußerste Breiten $(L' + L)$ ungefähr die Summe von 90° bilden, und der Bogen zwischen dem Pantheon und Montjoui entspricht dieser Bedingung. Tatsächlich ist:

$$L' = 48^\circ\,50'\,49{,}37'' \qquad L' - L = 7^\circ\,29'\,4{,}41''$$
$$L = 41^\circ\,21'\,44{,}96'' \qquad 2\,(L' - L) = 14^\circ\,58'\,8{,}82''$$
$$L' + L = 90^\circ\,12'\,34{,}33'' \qquad A' - A = 426\,638{,}8 \text{ Toisen}$$
$$2\,(L' + L) = 180^\circ\,25'\,8{,}66''$$

$\log C$	1,44705875
$A' - A$	5,63006038
$C(L' - L)$	5,56953131
443,25171 Linien	2,64665044
$C \sin 1''$	5,31442513
1,5	0,17609126
$\sin(L' - L)$	9,11480769
$\cos(L' + L)$	− 7,56313700
− 2,424615 Linien	0,38464283
	0,76929
	4,68557
− 0,00002850 a^2	5,45486 unmerklich
443,25171 Linien	− 2,6466504
$C \sin 1''$	5,3144251
15 : 32	9,6709413
$C(L' - L)$	5,5695313
$\sin 2(L' - L)$	9,4121223
$\cos 2(L' + L)$	9,9999884
+ 410,82476	+ 2,6136588.

Das Meter wird also:

$$\mu = 443{,}25171 - 2{,}424615\,a + 408{,}40017\,a^2,$$

und man erhält für die verschiedenen Abplattungen die Werte

Abplattung	Meter
1 : 150	443,253 70
1 : 200	443,249 80
1 : 250	443,248 54
1 : 300	443,248 17
1 : 310	443,248 14
1 : 320	443,248 12
1 : 330	443,248 11
Kugel	443,251 71

Man sieht also, daß für alle Annahmen für die Abplattung wie auch für die Kugel der Wert des Meters aus dem Bogen vom Pantheon bis Montjoui sich sehr wenig von 443,25 Linien unterscheidet. Aber dieses Meter wird zweifellos anscheinend etwas zu kurz. Außerdem widerstrebte es einem, einen Bogen von $2^{\circ}\,11'\,20''$, der nicht weniger gut wie der Rest gemessen ist, zu vernachlässigen.

Man hatte ganz im Gegenteil vorgeschlagen, den Bogen von Dünkirchen bis Paris allein zu benutzen, aber dann würden $L' + L = 99^{\circ}\,52'$, und die Unsicherheit aus der Abplattung würde in dem Verhältnis $\frac{\cos 99^{\circ}\,52'}{\cos 92^{\circ}\,24'} = \frac{\sin 9^{\circ}\,52'}{\sin 2^{\circ}\,24'}$ wachsen und würde das Vierfache werden, abgesehen von dem viel größeren und berechtigteren Bedauern, einen Bogen von $7\,^{1}/_{2}{}^{\circ}$ unverwendet zu lassen.

Zur Unterstützung des Vorschlages, den Bogen nördlich von Paris unbenutzt zu lassen, könnte man erwähnen, daß die Breite des Pantheons, die dann die des Nordendes des Bogens würde, sicherer als die von Dünkirchen ist; darauf kann man aber erwidern, daß die kleine Unsicherheit in der Polhöhe von Dünkirchen zum großen Teil durch die größere Länge des Bogens kompensiert ist, und überdies werden wir bald sehen, daß unser Bogen, bis Greenwich mittels der Dreiecke des Generalmajor *Roy* fortgesetzt, das Resultat unseres ganzen Bogens bestätigt, und so das Meter noch etwas größer ergeben würde.

Wir haben gesehen, daß die Beobachtungen in Barcelona, auf Montjoui reduziert, als Endpunkt unserer Dreiecke eine um 3,24″ größere Breite ergeben würden. Die Bogenlänge würde sich also um diesen Betrag vermindern. Das nach der Kugel berechnete Meter würde 443,4341 Linien werden, d. h. 0,0414 Linien größer. Die Korrektionen wegen der Abplattung, die durch die Verhältnisse $\frac{\sin(L' - L)}{L' - L}$ und $\frac{2 \sin(L' - L)}{L' - L}$ bestimmt sind, würden sich nur im Verhältnis der Änderung des ersten Ausdrucks ändern. Wir erhalten daher, ohne alle Rechnungen von neuem anzufangen, als Werte für das Meter aus den Beobachtungen von Barcelona, Dünkirchen und Paris folgende Größen:

Abplattung	Meter nach dem ganzen Bogen	Meter aus Pantheon u. Barcelona	Meter aus Dünkirchen, Barcelona u. Montjoui	Meter aus Pantheon, Barcelona u. Montjoui
1 : 150	443,2663	443,2951	443,2456	443,2744
1 : 200	443,3051	443,2912	443,2844	443,2705
1 : 250	443,3294	443,2899	443,3087	443,2692
1 : 300	443 3460	443,2896	443,3253	443,2689
1 : 310	443,3487	443,2895	443,3280	443,2688
1 : 320	443,3512	443,2895	443,3312	443,2688
1 : 330	443,3536	443,2895	443,3329	443,2688
Kugel	443,4341	443,2931	443,4134	443,2724

Unter allen diesen Werten ist der, welcher dem angenommenen für das Meter am nächsten kommt, der für die Abplattung 1 : 150 aus dem Bogen vom Pantheon bis Montjoui unter Benutzung der Beobachtungen in Barcelona berechnet ist.

Wenn wir aber $\frac{1}{310}$ als Abplattung annehmen, so ergibt das Mittel aus den Beobachtungen in Barcelona und Montjoui,

mit dem in Dünkirchen verglichen,	443,3280
mit dem Pantheon verglichen,	443,2688
Mittel	443,2984
Angenommener Wert für das Meter	443,295 936.

Das Meter 443,2984 als Bruchteil der Toise, oder $\frac{443,2984}{864}$, ist gleich dem Bruch 0,513 076 851 851 851. Mit Zehnmillionen multipliziert, gibt dieser Wert den Meridianquadranten

	5130776,851851 Toisen,
die in der Kommission angenommene Zahl ist	5130740
Differenz	36,85

eine Größe, die man unmöglich verbürgen kann[6]).

Man wird nun neugierig sein, die Abplattung aus unseren Beobachtungen selbst bestimmt zu sehen, und in dieser Absicht hatte man beschlossen, die Breite in Evaux, etwa der Mitte zwischen Barcelona und Dünkirchen, zu bestimmen.

Dünkirchen $L' = 51^{\circ}\ 2'\ 9{,}20''$ $\quad L'+L = 97^{\circ}\,12'\,51{,}74''$

Evaux $L = 46^{\circ}\,10'\,42{,}54''$ $\quad 2(L'+L) = 194^{\circ}\,25'\,43{,}48''$

$L' - L = 4^{\circ}\,51'\,26{,}66''$

$2(L' - L) = 9^{\circ}\,42'\,53{,}22''$ $\quad A' - A = 277237{,}9$ Toisen

$\log C$	1,44705875
$A' - A$	5,44285260
$C(L' - L)$	5,7572932.
+ 443,8176 Linien	2,64720455
log (1,5 : sin 1″)	5,4905164.
$\sin(L' - L)$	8,9277613.
$\cos(L' + L)$	— 9,0989335.
— 83,5043 Linien	1,9217089.
verdoppelt	3,84341
	4,68557
— 0,0338 Linien	8,52897
443,8176	— 2,6472045
15 : 32	9,6709413
$C \cdot \sin 1''$	5,3144251
$C(L' - L)$	5,7572932
$\sin 2(L' - L)$	9,2272290
$\cos 2(L' + L)$	— 9,9860809
401,0274	+ 2,6031740

$\mu = 443{,}8176 - 83{,}5043\,a + 317{,}4893\,a^2.$

Man sieht, daß der Ausdruck, der von der ersten Potenz der Abplattung abhängt, hier mehr als das Dreifache ist als bei der Berechnung aus dem ganzen Bogen. Dieser Bogen würde also zur Bestimmung des Meters nicht günstig sein, abgesehen davon, daß dieser Bogen nur die Hälfte des gemessenen ist, und der Einfluß der Fehler in der Breite doppelt so groß würde.

Um den Bogen zwischen Evaux und Montjoui zu berechnen, nehme ich das Mittel aus den Messungen in Barcelona und Montjoui

Evaux	$L' = 46^\circ\, 10'\, 42{,}54''$	$L' + L = 87^\circ\, 32'\, 29{,}12''$
Montjoui	$L = 41^\circ\, 21'\, 46{,}58''$	$2\,(L' + L) = 175^\circ\, 4'\, 58{,}24''$
	$L' - L = 4^\circ\, 48'\, 55{,}96$	
	$2(L' - L) = 9^\circ\, 37'\, 51{,}92''$	$A' - A = 174345{,}7$

$\log C$	1,4470587
$A' - A$	5,4382982
$C\,(L' - L)$	5,7610521.
443,0053 Linien	2,6464090.
$1{,}5 : \sin 1''$	5,4905164.
$\sin\,(L' - L)$	8,9240114.
$\cos\,(L' + L)$	+ 8,6324285.
+ 28,47194 Linien	1,4544174
	— 2,90883
$C \cdot \sin 1''$	4,68557
— 0,00393	7,59440
443,0053	— 2,6464090
$\dfrac{15}{32 \sin 1''}$	4,9853664
$C\,(L' - L)$	5,7610521
$\sin 2\,(L' - L)$	9,2235054
$\cos 2\,(L' + L)$	— 9,9883986
+ 411,8428	2,6147315

$$\mu = 443{,}0053 + 28{,}47194\,a + 440{,}3108\,a^2 \quad \text{Evaux, Montjoui}$$
$$\mu = 443{,}8176 - 83{,}5043\,a + 317{,}3991\,a^2 \quad \text{Evaux}^{7)}\text{, Dünkirchen}$$
$$0 = 0{,}8123 - 111{,}9762\,a - 122{,}9217\,a^2$$
$$a = \frac{0{,}8123}{111{,}9762} - \frac{122{,}9217}{111{,}9762}\,a^2$$
$$= 0{,}007254233 - 1{,}09775\,a^2$$

Man kann diese quadratische Gleichung direkt auflösen, aber wenn die Unbekannte ein kleiner Bruch ist, ist es bequemer, folgende Annäherungsmethode zu gebrauchen.

Ist $a = b - ca^2$, so erhält man:

$$a^2 = b^2 - 2\,bca^2 + c^2a^4 \quad \text{und} \quad a^4 = b^4$$

und $\quad a = b - b \cdot bc + b \cdot bc \cdot 2\,bc - b \cdot bc \cdot 2\,bc \cdot 2\,bc.$

Auf diese Weise ergibt sich jedes Glied aus dem unmittelbar vorhergehenden.

log ($b = 0{,}007\,254\,233$)		7,8605905
	b	7,8605905
	c	0,0405028
$-\,0{,}000\,705\,768$		5,7616838
	bc	7,9010933
	2	0,3010300
$+\,0{,}000\,000\,920$		3,9638071
$-\,0{,}000\,000\,011$		2,1659304

Erstes Glied	0,007254233	Zweites Glied	0,000057768
Drittes Glied	920	Viertes Glied	15
	0,007255153		57783
—	57783		

$$a = 0{,}007\,197\,370 = \frac{1}{139}.$$

Dieser Wert in unsere beiden Gleichungen eingesetzt, ergibt $\mu = 443{,}2331$ Linien, und dieser Meterwert ist noch kürzer als der aus dem ganzen Bogen vom Pantheon bis Montjoui berechnete.

Laplace hat, wenn er an den Breiten kleinere Korrektionen anbringt, die indessen die möglichen Beobachtungsfehler überschreiten, gefunden, daß bei Annahme einer elliptischen Gestalt der Meridiane unsere beiden Bogen eine Abplattung von $\frac{1}{150}$ ergeben. *Legendre* hat $\frac{1}{198{,}5}$ gefunden, wir selbst ohne jede Korrektion $\frac{1}{139}$.

Man kann also nicht daran zweifeln, daß das Meter, das wir gefunden haben, zu kurz ist, denn der Bogen zwischen dem Pantheon und Montjoui gibt bei allen Annahmen über die Abplattung 443,27 Linien, wenn man, wie wir es getan haben, das Mittel aus den Breiten von Montjoui und Barcelona nimmt. Bei der Ungewißheit über die Ursache, die den Unterschied von 3,24″ in den Breiten hervorgerufen hat, die mit den gleichen Instrumenten, der gleichen Sorgfalt und der gleichen Übereinstimmung von einem der besten Beobachter, die wir kennen, bestimmt sind, können wir keinen anderen Ausweg finden, als das arithmetische Mittel zu bilden. Aber dieses Mittel führt uns zu einem offenbar zu kleinen Resultat, weil unsere Bogen zu nahe aneinander liegen, um daraus die Abplattung mit irgendwelcher Sicherheit ableiten zu können. Die Beobachtungen müßten wesentlich genauer sein, und das würde auch noch nicht genügen, die Erde müßte auch keine merkliche Ungleichmäßigkeit aufweisen, aber das Gegenteil scheint mir durch die Messungen von *Méchain* in Barcelona und in Montjoui bewiesen, und noch mehr durch die von *Mudge* in England mit dem besten Instrument, das man bis jetzt gesehen hat, und das noch doppelt so große Unregelmäßigkeiten zeigt, als wie *Méchain* in Spanien gefunden hat.

Ich will hier keine andere Kombination der Bogen untereinander aufstellen, obwohl ich sie auf alle mögliche Weise untereinander verglichen habe, sie sind nun einmal nicht günstiger für die Bestimmung der Abplattung gelegen und liefern nicht den genauen Wert des Meters bei einer angenommenen Hypothese über die Abplattung.

Da man mit gutem Recht unseren Bogen als Ganzes benutzen wollte, mußte man sich anders zu helfen suchen und damit ein so weit wie möglich entferntes Vergleichsobjekt, das die Abplattung bestimmen läßt.

Unter allen Meridianbogen ist der in Peru von *Bouguer* und *Lacondamine* gemessene zweifellos der längste, der weiteste und bestbestimmteste. Man wählte diesen Bogen, der drei Grad lang ist, und die Kommission, die nicht die Zeit hatte, sämtliche Berechnungen zu wiederholen, gab denen von *Bouguer* den Vorzug, und man berechnete daraus als Abplattung $\frac{1}{334}$. Ich will indessen bemerken, daß, wenn man das Mittel zwischen den Zahlen von *Bouguer* und *Lacondamine* zugrunde legt, man eine ein wenig abweichende Abplattung erhielt. Als ich die Beobachtungen und Berechnungen der beiden Astronomen genauer prüfte, schienen mir ihre Reduktionen nicht den letzten Grad der Genauigkeit zu besitzen, und ich unternahm es, den ganzen Himmelsbogen neu zu berechnen.

Ich begann mit der Berechnung der scheinbaren Positionen des Sternes ε im Orion von 10 zu 10 Tagen für die ganze Beobachtungszeit und unter der Annahme einer mittleren Deklination von $1^\circ\ 23'\ 32.3''$ für 1740. Es ist nicht erforderlich, daß die absolute Deklination sehr genau bekannt ist, es genügt, die durch die Präzession, Aberration und Nutation verursachten Änderungen zu kennen. Ein Fehler in der mittleren Deklination ändert die Resultate in keinem Fall. Folgendes ist die Tabelle der scheinbaren Deklinationen:

Jahr und Tag	Scheinbare Deklination von ε Orionis	Diff.	Jahr und Tag	Scheinbare Deklination von ε Orionis	Diff.
19. Febr. 1740	1° 23′ 34,5″		11. Aug. 1742	1° 23′ 14,6″	
29. »	34,9	+ 0,4″	21. »	13.6	− 1,0″
10. März	35,1	0,2	31. »	12,7	0,9
20. »	35,1	0,0	10. Sept.	12,2	0.5
30. »	34,8	− 0,3	20. »	11,8	0,4
9. April	34,3	0.5	30. »	11,7	0,1
19. »	33,5	0,8	10. Okt.	11.8	+ 0.1
29. »	32,3	1,2	20. »	12,1	0,3
6. März 1741	36,6		30. »	12,8	0,7
16. »	36,7	+ 0,1	9. Nov.	13,6	0,8
28. Juli	22,2		19. »	14,6	1,0
7. Aug.	21,1	− 1,1	29. »	15,8	1,2
17. »	20,0	1,1	9. Dez.	17,0	1.2
27. »	19,2	0,8	19. »	18,3	1,3
6. Sept.	18,5	0,7	29. »	19,7	1,4
16. »	18,0	0,5	8. Jan. 1743	21,0	1,3
26. »	17,9	0.1	18. »	22,2	1,2
6. Okt.	18,0	+ 0,1	28. »	23,4	1,2
16. »	18.3	0,3	8. Febr.	24,4	1,0
26. »	18,8	0.5	18. »	25,1	0,7
5. Nov.	19,5	0,7	28. »	25,6	0,5
15. »	20,4	0,9	8. März	25,7	0,1
25. »	21,5	1,1	18. »	25,7	0,0
5. Dez.	22,8	1,3			

Ich hatte bereits früher einige Berechnungen von *Lacondamine* wiederholt, von Seite 168 seiner Messung die drei Grade, wo ich darüber stutzig wurde, daß das Maximum der Aberration nicht mit unseren Tafeln übereinstimmt, und ich hatte bei Beibehaltung der gleichen Rechnungsweise folgendes gefunden:

Datum	Mikro-meter	Prä-zession	Aber-ration	Nuta-tion	Summe	Mittel
19. Febr. 1740	+ 12,3″	— 9,0″	— 7,4″	— 4,3″	— 8,4″	—10,9″ Osten
21. »	9,6	9,0	7,4	4,2	11,0	
22. »	7,4	9,0	7,5	4,2	13,3	
1. März	12,7	8,9	7,9	4,1	8,2	— 9,3 Westen
2. »	9,2	8,9	8,0	4,1	11,8	
5. »	12,5	8,9	8,1	4,1	8,6	
8. »	12,3	8,8	8,2	4,1	8,8	
9. »	12,3	8,8	8,3	4,1	8,9	

Doppelte mittlere Reduktion	— 20,2
Bogen des Instruments	2° 51′ 54,25″
Doppelte Zenitdistanz	2 51 34,05
Einfache Zenitdistanz	1 25 47,02
Reduktion auf das Observatorium	+ 0,9
Scheinbare Zenitdistanz von ε Orionis in Cotchesqui	1 25 47,92

2. Reihe Seite 168.

Datum	Mikro-meter	Prä-zession	Aber-ration	Nuta-tion	Summe	Mittel
11. März 1740	— 19,3″	— 8,8″	— 8,3″	— 4,0″	— 40,4″	— 36,4″ Osten
15. »	14,0	8,8	8,7	4,0	35,5	
25. April	12,3	8,8	8,4	3,7	33,2	
16. März	+ 31,1	8,8	8,7	3,0	+ 10,0	+ 9,9 Westen
19. April	27,6	8,8	8,4	3,8	8,1	
20. »	30,7	8,8	8,4	3,8	11,7	

Doppelte mittlere Reduktion	— 26,5
Bogen des Instruments	2° 51′ 58,7″
Doppelte Zenitdistanz	2 51 32,2
Einfache Zenitdistanz	1 25 46,1
Reduktion auf Cotchesqui	+ 0,9
Scheinbare Zenitdistanz von ε Orionis	1 25 47,0

Beobachtungen in Quito Seite 171.

Datum	Mikrometer	Präzession	Aberration	Nutation	Summe	Mittel
15. Januar 1737	1° 10′ 38,2″	− 18,9″	− 3,7″	− 8,9″	− 4,9	
15. Juli	1 10 34,9	17,3	+ 3,3	8,5	4,9	+ 1° 10′ 1,8″
15. September 1740	1 10 19,8	7,3	7,7	2,6	0,0	
15. Oktober	1 10 24,4	7,0	5,2	2,4	0,0	
15. Januar 1741	1 10 31,1	6,2	3,5	1,0	0,0	+ 1 10 18,3″
15. Juli 1742	1 10 13,0	1,5	3,3	2,7	0,0	

Im Quito, Mittel	1 10 10,05
Reduktion	15 41,0
In Cotchesqui also	1 25 51,05
Aus der ersten Reihe	1 25 47,92
Aus der zweiten Reihe	1 25 47,0
Lacondamine hatte aus der ersten Reihe gefunden:	1 25 46,6
Aus der zweiten	1 25 44,4
Aus der dritten	1 25 56,0

Lacondamine hatte die Nutation zu hoch mit 3″, die Aberration zu hoch mit 1,5″ im Maximum angesetzt. Seine Messungen stimmten also weniger schlecht überein, als er dachte.

Wir wollen jetzt die Beobachtungen auf Seite 138 von 1739 betrachten:

Datum	Breite	Mittel	
1739 12. Nov.	3° 6′ 47,1″	3° 6′ 46,95″ Ost	Mittel 3° 4′ 5,62″
13.	6 46,8		
15.	3 1 24,2	3 1 24,3 West	
19.	1 23,0		
27.	1 25,6		
8. Dez.	3 4 15,8	3 4 15,7 W	
9.	4 15,8		
12.	4 16,6		Wegen Instrum.-Fehler korr.
14.	4 14,5		
13.	3 4 13,5		3 4 14,6
30.	4 14,4	3 4 19,3 W	
1740 6. Jan.	4 22,0		Korrigierte Breite
9.	4 21,5		3 4 14,375
12.	3 4 11,4	3 4 9,45 O	
13.	3 4 7,5		

So hat man aus den drei Reihen nacheinander die drei Werte für die Breite gefunden:

3° 4′ 5,6″ viel zu klein,
3 4 14,6 noch immer zu klein.
3 4 14,4 immer noch zu klein.

Unsere Akademiker waren zu gut mit Breitenmessungen vertraut, um nicht die ziemlich großen Fehler zu merken, und nicht alles zu versuchen, ihre Gründe aufzuklären. Man vergleiche Seite 141 ff. des Werkes von *Lacondamine*[8]).

Breite von Cotchesqui

Datum	Breite	Mittel	
1740 19. Febr. (S. 161)	0° 2′ 36,3″	0° 2′ 33,7″	
21.	2 33,5		
22.	2 31,3		Mittel 0° 2′ 34,7″
1. März	2 36,3	0 2 35,7	
2.	2 32,7		
5.	2 38,0		
8.	2 35,7		
9.	2 35,7		

Zweite Reihe

1740	11. März	0° 2′ 5,0″	0° 2′ 9,6″ W
	15.	2 11,1	
	25. April	2 12,6	
	16. März	2 56,7	0 2 56,5 O
	19. April	2 54,8	
	20.	2 58,0	

Korrigiertes Mittel	0° 2′ 33,05″
Erster Wert	0 2 34,7
Mittel	0 2 33,875
Reduktion	— 0,9
Breite von Cotchesqui	0 2 33,0

				Breite von Tarqui
1741	5. März	3° 2′ 29,0″ O		
(S. 178)				3° 4′ 47,3″ (zu groß)
	17.	3 7 5,7 W		
	28. Juli	3 3 46,7	3° 3′ 44,3″ W	
	29.	3 46,6		
	1. Aug.	3 45,0		
	15.	3 43,4		
	16.	3 40,2		3° 4′ 36,6″
	9.	5 26,2	3 5 28,4 O	
	12.	5 29,3		
	19.	5 29,9		
	12. Sept.	3 4 7,7		3 4 30,0
	13.	4 52,3		
	9. Okt.	3 5 17,7	3 5 18,8 O	
	11.	5 19,9		3 4 34,0
	27.	3 3 47,8	3 3 49,3 W	
	28.	3 50,8		
	18. Nov.	3 4 49,8	3 4 48,9 W	
	19.	4 46,0		
	22.	4 51,0		
	23.	4 48,8		
	20.	3 4 10,9	3 4 11,5 O	3 4 30,2
	21.	4 12,0		
	2. Dez.	3 5 32,2	3 5 29,9 W	
	4.	5 27,6		
	3.	3 4 40,9	3 3 40,9 O	3 4 35,4

Stellen wir die Resultate der Messungen aus dem Werke von *Lacondamine* zusammen:

Breite von Tarqui	3°	4′	5,6″	verworfen
	3	4	14,6	verworfen
	3	4	14,4	verworfen
	3	4	47,3	verworfen
	3	4	36,3	
	3	4	30,0	
	3	4	34,0	
	3	4	30,2	
	3	4	35,4	
Mittel der 5 letzten	3	4	33,2	

Bestimmen wir die gleiche Breite nach dem Werk von *Bouguer*, S. 268:

1742	19. Nov.	3°	5′	12,5″	3° 5′ 13,3″ O	Breite von Tarqui 3° 4′ 32,1″
	30.		5	14,6		
	1. Dez.		5	12,7		
	2.	3	3	53,1	3 3 50,9 W	
	3.		3	48,7		
	8.	3	5	2,5	3 5 5,43 O	
	9.		5	3,2		
	13.		5	3,0		
1743	3. Jan.		5	4,7		
	11.		5	6,1		
	15.		5	6,5		
	27. Febr.		5	6,8		
	28.		5	6,8		
	5. März		5	6,8		
	10.		5	5,5		
	14. Nov.		5	6,1		
	17.		5	7,4		
	17. Dez.	3	3	56,6	3 3 55,7 W	
	18.		3	55,9		
	19.		3	55,6		
	20.		3	55,7		
1743	2. Febr.	3	3	54,9		
	9.		3	55,6		
	10.		3	56,0		
	11.		3	56,1		
	17.		3	55,7		
	21.		3	54,6		

Breite von Tarqui	3°	4′	30,565″
Aus den 5 ersten Tagen		4	32,1
Proportionales Mittel	3	4	30,8
Nach *Lacondamine*	3	4	33,2
Mittel	3	4	32,0

Diese Breite erscheint auf etwa eine Sekunde sicher.

Breite von Cotchesqui

Wir beginnen mit den Beobachtungen von *Lacondamine* S. 183

1742	9. Aug.	0° 4′ 45,7″		
	11.	4 42,9		
	12.	4 44,1	0° 4′ 42,54 W	
	17.	4 40,5		
	18.	4 39,6		Breite v. Cotchesqui 0° 2′ 31,9″
	13.	0 0 22,1		
	15.	0 17,3	0 0 21,27 O	
	16.	0 24,4		
	20.	0 0 42,8		
	23.	0 39,1		
	24.	0 42,3		
	27.	0 38,8		
	28.	0 38,8	0 0 41,5 O	
	29.	0 41,7		
	4. Okt.	0 45,3		
	5.	0 40,7		
	6.	0 44,8		0 2 34,5
	30. Aug.	0 4 29,7		
	31.	4 27,8		
	1. Sept.	4 25,8		
	2. Okt.	4 27,8	0 4 27,3 W	
	3.	4 23,8		
	8.	4 28,8		
	22.	0 1 29,2		
	26.	1 25,0		
	27.	1 26,8		
	29.	1 24,7		
	29. Nov.	1 19,6	0 1 23,2 O	
	30.	1 21,5		
	17. Dez.	1 22,4		
	29.	1 22,4		
	31. Dez.	0° 1 19,7		

1742 23. Nov.	3′ 42,1″	
2. Dez.	3 44,2	
5.	3 39,8	
6.	3 41,8	
8.	3 38,5	0° 3′ 40,2″ W
9.	3 38,4	
1. Jan.	3 38,3	
2.	3 38,2	

Breite von Cotchesqui	0° 2′ 31,3″
Erster Wert	0 2 31,9
Zweiter Wert	0 2 34,5
Mittel	0 2 32,7

Da aber die ersten Reihen weniger zahlreich sind als die letzten, kann man das Mittel etwas verkleinern.

Daher nehmen wir an	0° 2′ 32,0″
1740 gefunden	0 2 33,1
Mittel	0 2 32,5
Die Breite von Tarqui ist	3 4 33,2
Daher die Bogenlänge nach *Lacondamine*	3 7 5,7

Berechnen wir nun Cotchesqui nach *Bouguer*

1742 29. Nov.	0° 1′ 18,4″	0° 1′ 19,95″ O	
30.	1 21,5		Mittel 0° 2′ 30,25″
2. Dez.	0 3 44,2		
5.	3 40,0		
6.	3 41,9	0 3 40,6 W	
8.	3 38,5		
9.	3 38,4		
17.	0 1 22,4		
29.	1 20,4	0 1 21,1 O	
31.	1 20,4		
1. Jan.	3 38,3		0 2 29,55
2.	3 38,2	0 3 38,25 W	
			Mittel 0 2 29,95

Cotchesqui nach *Bouguer*	0° 2′ 29,95″
Tarqui nach *Bouguer*	3 4 30,8
Bogenlänge nach *Bouguer* allein	3 7 0,75

Bogenlänge nach *Lacondamine*	3° 7′ 5,7″
Mittel	3 7 3,1
Breite von Tarqui nach *Bouguer*	3 4 30,8
Breite von Tarqui nach *Lacondamine*	3 4 33,2
Mittel	3 4 31,9
Breite von Cotchesqui nach *Bouguer*	0 2 29,95
Breite von Cotchesqui nach *Lacondamine*	0 2 32,5
Mittel	0 2 31,22
Mittel für Tarqui	3 4 31,9
Mittel für die Bogenlänge	3 7 3,1

Bouguer und *Lacondamine* einigen sich auf eine Bogenlänge von 3° 7′ 1″, obgleich die Beobachtungen von diesem 4,5″ mehr ergeben. *Bouguer* sagt uns, daß er selbst 3° 7′ 3″ aus Messungen an Θ des Antinous und 3° 7′ 0″ an α des Wassermann gefunden habe. Aber diese letzten Beobachtungen sind nicht erhalten. Man kann also annehmen, daß er als Mittel aller 3° 7′ 2″ erhalten hätte. Die Astronomen scheinen mehr Vertrauen zu den Messungen von *Bouguer* zu haben. Die Messungen von *Lacondamine* sind vielleicht ein wenig weniger genau, sie zeigen ein wenig geringere Regelmäßigkeit, aber sie sind zahlreicher; daher glaube ich, alles in allen, 3° 7′ 3″ als Bogenlänge ansetzen zu können.

Wir wollen ebenso das Mittel für den gemessenen Bogen der Erde annehmen, der nach *Bouguer* um 10 Toisen kleiner ist als nach *Lacondamine*, und diese zweite Änderung wird zum Teil den Einfluß der ersten aufheben.

Bogen der Erde nach *Bouguer*	176 940 Toisen
nach *Lacondamine*	176 950
Wir nehmen als Mittel	176 945

Er ist schon auf das Niveau von Caraburu, d. h. auf 1226 Toisen über Meereshöhe reduziert. Man muß ihn also um 68 Toisen verringern und ihn zu 176 877 Toisen ansetzen. Wir haben also $A' - A = 176\,877$.

$$\begin{array}{rrrr} L' = & +3^{\circ} & 4' & 32'' \\ L = & -0 & 2 & 31 \\ \hline L' - L = & 3 & 7 & 3 \\ 2(L' - L) = & 6 & 14 & 6 \end{array} \qquad \begin{array}{rrrr} L' + L = & 3^{\circ} & 2' & 1'' \\ 2(L' + L) = & 6 & 4 & 2 \end{array}$$

log konst.	1,4470587
$(A' - A)$	5,2476714
$C\,(L' - L)$	5,9498910
441,1853	2,6446211
3/sin 2″	5,4905164
$\sin\,(L' - L)$	8,7354695
$\cos\,(L' + L)$	9,9993910
+ 660,5264	2,8198890
	5,63978
	4,68559
— 2,1153	0,32537
— 441,1853	2,6446211
$C\,(L' - L)$	5.9498910
15/32 sin 1″	4,9853664
$\sin 2\,(L' - L)$	9,0358563
$\cos 2\,(L' + L)$	9,9975605
— 410,6722	2,6134953

$$\mu = 441{,}1853 \text{ Linien} + 660{,}5246\,a + 247{,}7371\,a^2 \text{ Peru}$$
$$\mu = 443{,}4134 \qquad - 27{,}7002\,a + 378{,}7306\,a^2 \text{ Frankreich}$$
$$0 = 2{,}2281 \qquad - 688{,}2248\,a + 130{,}9935\,a^2$$
$$a = 0{,}0032375 + 0{,}190335\,a^2 = 0{,}0032395 \text{ oder } 0{,}00324$$
$$= \frac{1}{308{,}65}, \text{ also } \mu = 443{,}328 \text{ Linien.}$$

Für diese Berechnung haben wir das Mittel der Messungen in Barcelona und Montjoui genommen. Wenn man nur die in Montjoui benutzt, würde man die Abplattung zu 0,00321 oder $\frac{1}{311{,}5}$ und das Meter zu 443,3076 Linien gefunden haben.

Aber ich sehe nicht ein, warum man die Beobachtungen von Barcelona verwerfen soll, die *Méchain* wahrscheinlich denen von Montjoui vorgezogen hätte. Der Wert des Meters nach unseren Messungen in Vergleich mit denen in Peru ist also 443,328 Linien. Die Unsicherheit von 3,24″ im Himmelsbogen entspricht 52 Toisen auf der Erde; $\frac{52}{551583}$ oder $\frac{104}{1103166}$ ist also die Unsicherheit im Meter. Diese Größe entspricht fast $\frac{1}{10000}$. Ein Zehntausendstel von 443,328 ist 0,044, und wenn man das Mittel nimmt, reduziert man die Unsicherheit auf 0,022 Linien. Wir finden tatsächlich 443,328 und 443,3076, deren Unterschied 0,0204 ist.

Die Kommission, die keine Kenntnis von den Beobachtungen in Barcelona hatte, und die nur die Zahlen von *Bouguer* genommen hatte, hatte daraus die Abplattung zu $\frac{1}{334}$ berechnet, und das Meter zu 443,295936 Linien. Beides ist anscheinend etwas zu klein. Man hat gewichtige Gründe dafür, daß die Abplattung wenigstens $\frac{1}{310}$ ist, wir finden sie zu $\frac{1}{309}$; d. h. ungefähr ebenso, wie sie *Svanberg* nach der neuen Gradmessung in Schweden gefunden hat. Ich werde also für das Folgende 443,328 Linien für das Meter ansetzen und 0,00324 für die Abplattung.

Um dieses Meter als Bruchteil der Toise auszudrücken, muß man es durch 864 dividieren Also:

$$\frac{443{,}328}{864} = \frac{4{,}618}{9} = 0{,}513111111111$$

das angenommene Meter setzt an 0,5130740

Differenz 0,0000371$\frac{1}{9}$.

Borda hat aus seinen Versuchen gefunden, daß das Maß sich für jeden Grad seines Metallthermometers um 0,000009245 Toisen verlängert. Die Toise ist die Hälfte des Maßes, sie wird sich also um 0,0000046225 verlängern. Aber 2,316 Teile des Metallthermometers entsprechen einem Grad des Réaumurthermometers. Daher wird sich die Toise für einen Grad Réaumur um $0{,}0000046225 \cdot 2{,}316 = 0{,}00001070571$ Toisen verlängern. Für einen Grad des hundertteiligen Thermometers also um 0,000008564568.

Das angenommene Meter, das 0,5130740 Toisen entspricht, wird sich um 0,000004394257 verlängern. Welche Temperatur muß es also haben, um dem aus unseren letzten Berechnungen abgeleiteten Meter zu entsprechen? Wir finden das auf folgende Weise:

$$0{,}000004394257 \text{ Toisen} : 1^\circ = 0{,}000037111111 : 8{,}445367^\circ$$
$$= 6{,}756536^\circ \text{ Réaumur.}$$

Das angenommene Meter hat seine wahre Länge bei 0°. Um die Länge zu erhalten, die ihm die letzte Berechnung gab, muß es also die Temperatur 8,445367° der hundertteiligen Skala erhalten.

Das Meter, das wir gefunden haben, bedarf zweier Korrektionen, die sich gegenseitig aufheben, und so konnten wir sie vernachlässigen; aber wir müssen über alles, ohne etwas zu verschweigen, Auskunft geben.

Wir haben angenommen, daß unser Vergleichsnormal genau das doppelte der Toise von Peru ist, wenn diese Toise und unser Normal sich auf der Temperatur von 13° des achtzigteiligen Quecksilberthermometers befinden. Indessen ist bei dieser Temperatur unser Normal anstatt 2 Toisen oder 1728 Linien nur 1727,98; sie ist also nur $\frac{1727,98}{1728}$ oder $\frac{863,99}{864}$ der Doppeltoise. Man muß also unser Meter mit $\frac{863,99}{864}$ $= \frac{86400-1}{86400} = 1 - 0,000011574$ multiplizieren. Demnach wird dieses Meter um 0,0051312 Linien kürzer.

Folgendes ist das Prinzip, auf dem die zweite Korrektion beruht. Wir haben bei der Reduktion der Grundlinien auf 13° der Réaumurskala angenommen, daß der Null- oder Schmelzpunkt des Metallthermometers 0,003833 sei. Die Kommission hat aber nach wiederholten Versuchen angenommen, daß die Zahl 0,003833 nicht dem Nullpunkt des hundertteiligen Quecksilberthermometers entspäche, sondern genauer 1,35°. Unsere Grundlinien, die wir auf 13° Réaumur zu reduzieren glaubten oder 16,25° der hundertteiligen Skala, sind also tatsächlich auf 17,6° dieses Thermometers reduziert. Unsere Maße waren also um die 1,35° entsprechende Änderung länger als wir dachten. Unsere Grundlinien erschienen uns also kürzer, als wenn die Maße 2 Toisen gehabt hätten. Unser Meter ist also entsprechend zu klein, gemäß der Verlängerung, die es für 1,35° Temperaturanstieg erfährt.

Die Verlängerung des Platinmeters ist, wie wir oben gefunden haben, für einen Zentesimalgrad 0,000004394257 Toisen.

Diese Größe in Linien umgerechnet	0,003796639 Linien,
also für 1,35°	0,0051254.

Um soviel muß man also unser Meter vergrößern, um den Nullpunktsfehler des Metallthermometers zu korrigieren.

Nach der ersten Korrektion muß es vermindert werden um	0,0051312,
die Gesamtkorrektion reduziert sich also auf	+ 0,0000058,

eine ganz unmerkliche Größe. Daher bleibt unser Meter so, wie es oben bestimmt ist, nämlich 443,328 Linien.

Diese beiden Korrektionen sind in dem Bericht von *van Swinden* in Band II der Abhandlungen des Instituts abgedruckt. Der Verfasser hat indessen in seinem Auszug nicht alle Einzelheiten angeben können, die wir gegeben haben und für die wir unten die Unterlagen mitteilen, die er selbst der Kommission vorgelegt hat. Um keinen Zweifel in diesem wichtigen Punkt übrig zu lassen, wollen wir in einer Berechnung in zwei Spalten die beiden Korrektionen an den Zahlen von *van Swinden* und an den von uns berechneten anbringen. Genau genommen sollten die Korrektionen der beiden Meterlängen proportional sein, aber sie sind so klein, daß die Differenzen unmerklich sind, und man sie anbringen kann, wie man will.

	Angenommenes Meter, Bericht von *van Swinden*, Seite 54	Meter nach unseren Berechnungen
	443,296	443,328
Weil unsere Maßstäbe nur $\frac{863{,}99}{864}$ der Doppeltoise sind, muß man $\frac{1}{864}$ abziehen	0,0051312	0,0051312
Das Meter wird also	443,2908688	443,3228688
Weil wir unsere Grundlinien auf $17{,}6^{\circ}$ anstatt $16{,}25^{\circ}$ reduziert haben, ist unser Meter um die Längenänderung für 1,35 zu klein, oder um	0,0051254	0,0051254
Es wird also	443,2959942	443,3279942
oder	443,296	443,328

Man sieht also, daß *van Swinden* zuerst 443,296 ansetzt, dann dieses auf 443,291 reduziert und dann es von neuem auf 443,296 erhöht.

Die beiden Korrektionen sind also nahezu gleich und von entgegengesetztem Zeichen. Sie heben sich gegenseitig auf. Auf 17,6 hätte man unsere Maße und unsere Grundlinien reduzieren müssen, damit die Maße gleich dem Doppelten der

Toise von Peru sind, für die Temperatur 16,25°. Aber das ist tatsächlich der Fall bei 17,6°, auf die wir sie reduziert haben. Unsere Grundlinien sind also tatsächlich mit Maßen gemessen, die der Toise von Peru äquivalent sind; sie sind also in Teilen dieser Toise ausgedrückt, und unser Meter entsprechend in Teilen dieser.

Das Platinmaß Nr. I ist also bei 17,6° genau das Doppelte der Toise von Peru, wenn diese Toise 16,25° hat.

Auf dem Maß Nr. I denken wir uns bei 17,6°, oder auf der Toise von Peru bei 16,25°, was auf das gleiche hinauskommt, denken wir uns mit einem unveränderlichen und ausdehnungsfreien Zirkel eine Länge von 443,296 abgegriffen. Dann trägt man diese Länge auf einen anderen Platinstab von 0° auf; diese Länge wird dem in den Archiven niedergelegten Platinnormal entsprechen.

Das Normal der Archive bei 0° entspricht also 443,296 Linien des Maßes Nr. I, wenn dieses Maß 17,6° hat; oder der Toise von Peru, wenn diese 16,25° hat.

Denkt man sich jetzt das Normal der Archive auf 8,445° erwärmt; anstatt das angenommene Meter darzustellen, stellt es dann das aus den neuen Berechnungen hervorgegangene dar.

Die Kommission besaß keinen unveränderlichen Zirkel, um so die 443,296 Linien von der Toise bei 16,25° oder dem Normal bei 17,6° auf ein Platinmaß bei 0° zu übertragen. Die Physiker wissen übrigens, daß man nicht drei verschiedene Maße ganz genau auf die genau richtige Temperatur bringen kann, die sie haben sollen; aber man kann sehr genau die unendlich kleine Veränderung berechnen, die Eisen und Platin durch die Temperatur erfahren haben, die sie im Augenblick des Versuchs haben sollten; so hat man sich mit Hilfe der Rechnung das Meter verschaffen können, das aus unseren Messungen hervorging. Man wird später mehr über die von der Kommission verwendeten Mittel hören. Für uns genügt es, im Augenblick zu sagen, daß man, um das angenommene Meter zu finden, von einer Toise aus Eisen von gleicher Länge wie die von Peru, die 16,25° hat, 443,296 Linien oder die Länge des Platinmeters aus den Archiven, wenn es bei 0° sich befindet, nehmen muß. Das ist das endgültige Resultat der Arbeiten der Kommission für die erste Fundamentaleinheit des dezimalen metrischen Systems. Aber nach unseren Berechnungen scheint das Meter um 0,032064 Linien zu kurz zu sein, und um das Meter zu erhalten, muß das Maß der Archive eine Temperatur von 8,445° der hundertteiligen oder 6,756° der achtzigteiligen Temperaturskala haben.

Wir haben erwähnt[9]), daß das angenommene Meter scheinbar etwas zu klein ist, und daß das in den Archiven deponierte Prototyp, wenn es das Meter nach unseren letzten Rechnungen darstellen soll, eine Temperatur von 8,445° oder 6,756° der achtzigteiligen Skala haben muß. Zu der gleichen Zeit, in der wir diese Zeilen drucken lassen, hat *Biot* die Ergebnisse seiner Arbeiten zwischen Montjoui und Formentera veröffentlicht. Wenn er seine Zenitdistanzen nach unseren neuen Refraktionstafeln berechnet und an der Breite von Dünkirchen eine kleine Korrektion nach diesen Tafeln anbringt und sich auf die Beobachtungen am Polarstern beschränkt, so findet er das Meter genau dem der Kommission entsprechend, statt daß es, wie wir meinten, um 0,032 Linien zu kurz ist. Die Breite von Formentera an Stelle von der von Barcelona und Montjoui, die uns von der Unsicherheit dieser beiden Stationen befreite, kann diese vollkommene Übereinstimmung hervorgerufen haben. Denn wirklich, wenn man nur noch kleine Differenzen hat, so sieht man wohl ein, daß man nur noch sehr geringe Änderungen an den verschiedenen Daten anzubringen braucht, um sie verschwinden zu lassen. Wenn man in Dünkirchen die Beobachtungen an β des kleinen Bären verwirft, die tatsächlich weniger zahlreich und weniger gut als die am Polarstern sind, so vergrößert man die Breite von Dünkirchen, und diese Veränderung muß die Unregelmäßigkeit der Gradlängen vergrößern; aber wenn man darauf rechnet, daß die neuen Beobachtungen, die man in diesem Winter in Dünkirchen vorzunehmen beabsichtigt, den Zweifel von 0,5″ an dieser Breite etwa beseitigen, so liefern uns die Beobachtungen in Formentera eine neue Bestimmung, die nicht ohne Interesse ist.

Der Bogen zwischen dieser Insel und Greenwich wird durch den Breitenkreis von 45° in etwa zwei gleiche Teile geteilt. Die Abplattung wird also nur einen unmerklich kleinen Einfluß auf die Meterlänge haben. Wir wollen also sehen, was dieser große Bogen ergibt:

Bogen zwischen Formentera und Dünkirchen	705 188,77
Zwischen Dünkirchen und Greenwich	25 241,90
Zwischen Formentera und Greenwich $(A'-A)$	730 430,67

Breite von Formentera	38° 39′ 56,11″
Breite von Greenwich	51 28 39,5
$L + L'$	90° 8′ 35,61″
$L' - L$	12 48 43,39
$2\,(L' - L)$	25 37 26,78
$2\,(L' + L)$	180 17 11,22
log konst.	1,44705875
$\log\,(A' - A)$	5,86357894
$C \cdot \log\,(L' - L)$	5,3360787
443,319 Linien	2,64671639
$C \sin 1''$	5,31442513
1,5	0,17609126
$\sin\,(L' - L)$	9,34587078
$\cos\,(L' + L)$	− 7,39788710
$-\,1,6484\,a$	0,21706936
443,319	− 2,6467164
$15/32 \sin 1''$	4,9853664
$C\,(L' - L)$	5,3360787
$\sin 2\,(L' - L)$	9,6359213
$\cos 2\,(L' + L)$	− 9,9999946
$+\,401,89\,a^2$	2,6040774

Daraus	$\mu = 443,319$ Linien	$-\,1,6484\,a$	$+\,401,89\,a^2$
			− 0,21707
		$0,00324^2$	7,51054
	− 0,00534		− 7,72761
			2,60408
		$0,00324^2$	5,02109
	+ 0,00422		7,62517
	$\mu = 443,31788$ Linien.		

Verdoppelt man die Abplattung	$\mu = 443,319$
	− 0,01068
	+ 1688
also:	$\mu = 443,32520$

Aus Montjoui, Barcelona und Greenwich haben wir gefunden	443,3255 Linien
Aus Montjoui, Barcelona und Dünkirchen	443,328
Aus Formentera und Greenwich	443,31788
Wenn wir aber, wie oben, 51° 28′ 40″ als Breite von Greenwich ansetzen, erhalten wir 0,006 Linien weniger oder	443,31188

Wir könnten 443,322 Linien als Mittelwert vorschlagen, und diese Zahl würde leicht zu behalten sein, da sie sich aus den Zahlen 4, 3, 2, jede doppelt genommen, zusammensetzt.

Wir haben die Gründe auseinander gesetzt, die uns veranlaßt haben, die Breite von Greenwich zu vermindern. Wir könnten hier noch einiges über den kleinen Unterschied unserer Refraktionen und der von *Bradley* bemerken.

Man sieht also, daß die Verlängerung des Meridians den Wert unseres Meters nur verschwindend wenig geändert hat. Es bleibt noch übrig, nachzusehen, welche Veränderungen die neuen Beobachtungen, die *Biot* in diesem Winter anstellen will, hervorrufen können, von *Biot*, der mit *Arago* zusammen mit gutem Erfolg die Polhöhe und die Pendellänge in Formentera bestimmt hat, der jetzt mit *Mathieu* die Pendellänge unter 45° in Bordeaux beobachtet und dann die gleichen Versuche, unter demselben Breitengrad, aber im Innern der Erde und unter dem Meridian von Paris wiederholen wird, und der auch die Pendellänge am anderen Ende des Bogens, in Dünkirchen, messen soll, wobei er gleichzeitig bei dieser Gelegenheit die Breitenbestimmung wiederholen wird. Man hat gesehen, daß ich mit den Beobachtungen an β des kleinen Bären wenig zufrieden war, wobei ich auch nicht selbst den unteren Durchgang beobachten konnte. Die Messungen am Polarstern wurden durch das Wetter behindert und waren zu spät begonnen. Trotzdem glaube ich nicht, daß eine größere Unsicherheit als 0,5″ bei dieser Breite bestehen kann, was nur 0,005 Linie mehr oder weniger auf die Meterlängen ausmachen kann. Man hat gesehen, daß die Breite von Greenwich, die als eine der sichersten der ganzen Erde gelten kann, für das Meter den gleichen Wert wie meine Beobachtungen in Dünkirchen geben. Es ist also fast sicher, daß das Meter keine Veränderung erleiden kann, die von irgendwelcher Bedeutung ist, und wir wollen damit schließen, zusammenzustellen, was wir alles angewendet haben, es festzulegen. Wir haben mit allen Einzelheiten unsere Beobachtungen veröffentlicht. Wir haben die Reduktionsformeln gegeben und die hieraus berechneten Korrektionen. Man kann jederzeit die Enden der Grundlinien finden, die wir gemessen haben, und auch die hauptsächlichsten unserer Stationen. Man kann, wenn man es als notwendig erachtet, alle Teile unserer Arbeiten einzeln oder zusammen prüfen. Wir haben alle erforderlichen Angaben für die geliefert, die sich die Mühe machen wollen, uns auf unsere

Sachkenntnis zu prüfen. Wir haben uns alle Mühe gegeben, in unserer Arbeit nichts von den Schwierigkeiten merken zu lassen, die wir, besonders in der ersten Zeit, vorfanden. Wir haben versucht, allen Einwänden zu begegnen, die man unserem Werk machen kann, und wir glauben, jedem schon vorher entsprochen zu haben. Wir haben alle Kritiken gelesen, die in verschiedenen Sprachen, schon bevor wir etwas veröffentlicht hatten, erschienen waren, und besonders dann, als unsere Arbeit nur als Bericht in einer öffentlichen Sitzung des Instituts bekannt gemacht war. Dieser Bericht, der vor einer zahlreichen Versammlung erstattet wurde, brachte keine Einzelheiten. So hatten die Kritiken keine anderen Grundlagen und waren zum mindesten verfrüht, und wir waren der Mühe überhoben, sie zu beantworten. Die einzige, die der Beachtung wert gewesen wäre, erschien in einer englischen Zeitschrift, The Edinburgh Review[10]). Der Verfasser hatte bereits den ersten Band unseres Werkes zur Verfügung. Seine Bemerkungen, die hervorragend geistreich und sehr wohlwollend sind, sind nur als Bedenken vorgetragen, und wir hoffen, daß er von unseren Antworten befriedigt sein wird.

Sein erster Vorwurf ist, daß wir zu furchtsam gewesen sind und nicht genügend die Manie, alles umstürzen zu wollen, die sich damals aller Franzosen bemächtigt hatte, ausgenutzt haben, um die duodezimale Skala an Stelle der, welche das Fundament unserer Arithmetik bildet, einzuführen. Dieser Gedanke bot sich tatsächlich als erster, als man daran dachte, ein neues Maßsystem zu begründen, und wenn man ihn nicht verwirklicht hat, so hat das gewichtige Gründe. Man hätte vier ganzzahlige Divisoren gehabt, statt zwei im dezimalen System. Aber mit wieviel Schwierigkeiten hätte man diesen geringen Vorzug erkauft! Man hätte die gesprochene Arithmetik ebenso wie die geschriebene umstürzen müssen, und wenn der Ersatz der Groschen und Heller durch die Décimes und Centimes sich erst in den Verwaltungsbehörden vollzogen hat, die dem Einfluß der Regierung am nächsten stehen, wenn das Volk und sogar die gebildete Klasse sich dieser so einfachen und bequemen Änderung gegenüber ablehnend verhalten, welchen Widerstand hätte nicht jene erwähnte Reform erfahren? Wieviel Zeit hätte man nicht gebraucht, die Rechner daran zu gewöhnen, in der Zahl 10 den Ausdruck für 12 zu sehen, und in 20, 30, 40 die für 24, 36 und 48, in 50 die Zahl 60, in 60 die Zahl 72, und in 80 und 90 die Zahlen 96 und 108.

Die Zahlen, die 120 und 132 bedeuten sollen, wären ganz neu gewesen, und das wäre die eine Schwierigkeit. Man sagt uns, daß die Einführung von zwei Zahlzeichen mehr für diese Änderung genüge, und das ist theoretisch richtig. Wir haben ein deutsches Werk in zwei Bänden gelesen, das ein vollständiges System einer duodezimalen Arithmetik bringt; alle Vorschriften sind klar und lichtvoll; nichts erscheint leichter oder selbstverständlicher. Aber wenn man das System des Autors erfaßt hat, unternehme man die einfachste Berechnung, löse eine einfache Regeldetriaufgabe, und man wird wie wir denken, daß das beste Mittel, um alles scheitern zu lassen, das gewesen wäre, unserem Projekt diese mehr spezielle als nützliche Ausdehnung zu geben.

Man vermißt besonders die duodezimale Teilung des Kreises. Man wirft uns vor, daß der Winkel von 60° oder des Sechsecks sich nicht in unserer Teilung finde. Diese Schwierigkeit, wenn man sie überhaupt so nennen kann, geht höchstens die Verfertiger von Instrumenten an, und wir sehen nicht ein, warum die *Borda*schen Kreise weniger gut geteilt sein sollen, weil sie keinen Bogen haben, dessen Sehne genau gleich dem Radius ist. Die Rechner werden niemals den Winkel 60° finden, nachdem sie einmal auf die sexagesimale Teilung verzichtet haben. Unter allen sinus, die in den alten Tafeln enthalten sind, ist nur einer, der von 30°, der ein runder Bruchteil des Radius ist, sein Logarithmus ist, wie alle anderen, nur ein Näherungswert. So ist also die neue Teilung genau so bequem wie die alte, und ein Rechner wird nie einen Unterschied merken. Wenn die Astronomen im allgemeinen weniger geneigt scheinen, diese zentesimale Teilung anzunehmen, so liegt das weniger an den tatsächlichen Schwierigkeiten, die sie dabei finden könnten, als an einer gewissen Unmöglichkeit, auf einmal ihre Instrumente und Tabellen umzuändern; an der Schwierigkeit, sofort alle ihnen vertrauten Zahlen, die sie dauernd gebrauchen, zu wechseln; und endlich ein wenig Vorurteil und eine Unkenntnis der neuen Methode.

Ein anderer Einwand richtet sich gegen die Grundeinheit des neuen Systems. Man glaubt, daß das Pendel besser gewesen wäre. Die Kommissionen der Akademie haben, wie mir scheint, einen stichhaltigen Grund zugunsten des Meridianquadranten angegeben. Die nautischen Maße, in Metern ausgedrückt, werden es auch in Zehntelsekunden des Vollkreises der Erdkugel sein; man braucht nur das Komma zu versetzen, um sie in Graden oder in Minuten zu erhalten; und die Arbeiten, die man unternommen hat, um genau das Verhältnis des Pendels zum Meter zu bestimmen, scheinen uns für alles ausreichend zu sein und die Vorteile der beiden möglichen Einheiten zu verbinden.

Cassini hatte vorgeschlagen, als Einheit den Radius der Erdkugel zu wählen. Aber man sieht aus der Formel, die den Radius oder vielmehr die Achse bestimmt, daß die Unsicherheit, die lange Zeit über die Abplattung bestand, sich dort in vollem Betrage vorfindet, statt daß sie vollständig verschwindet, wie bei der Messung eines Bogens, der durch den mittleren Parallelkreis halbiert wird.

Man weist darauf hin, daß nichts die Ähnlichkeit der Meridiane beweise. Das geben wir zu; aber ihre Unähnlichkeit ist um nichts weniger sicher. Die beobachteten Differenzen zwischen den auf verschiedenen Meridianen gemessenen Bogen sind nicht größer als die, welche man auch bei aufeinanderfolgenden Teilen des gleichen Meridians gefunden hat. Diese lokalen Unregelmäßigkeiten verschwinden beim ganzen Bogen, und wenn eine Ungleichheit in ihren Gesamtlängen vorhanden ist, so ist es ganz unwahrscheinlich, daß diese Ungleichheit so groß ist, daß sie bei der daraus abgeleiteten Meterlänge merkbar wird, und im Fall, daß alle Normalien für das Meter verschwinden, würden die, welche sich der Mühe unterziehen, einen anderen Bogen zu messen, um das Meter zu rekonstruieren, sicherlich nicht die Kontrolle durch das Pendel auslassen, dessen Länge sie in Teilen dieses Maßes kennen.

Jene sehr beachtenswerte Kritik zeigt auch einige Verwunderung darüber, daß man sich auf die Messung von zwei Grundlinien beschränkte. Zunächst wäre es schwierig gewesen, eine größere Zahl vorzufinden. Der Strand von Dünkirchen, an dem 1739 gemessen ist, konnte für unsere Instrumente nicht in Frage kommen, weil er einen Teil des Tages unter Wasser steht. Die vom Villers Bretonneux ließ sich schwer an die Dreiecke anschließen wegen einer Mauer und einer Niveaudifferenz. Die Ebene von Méry bot uns wohl eine Strecke von 5000 Toisen vom Signal von Ennordre aus, aber um zum Signal von Méry zu gelangen, mußte man die Stadt und Gärten durchqueren. Die Grundlinie von Rodez hat bei der Messung von *Cassini* und *Lacaille* nur merklichen Schaden angerichtet. Endlich hatten wir im Norden eine Art Kontrolle in den Grundlinien von Honslowheath und Romneymarsh. Verlängert man unseren Meridian nach Süden bis Formentera, so hatten wir die Absicht, eine neue Grundlinie in der Ebene von Valencia zu messen, am Ufer des Albufera. Endlich glauben wir sagen zu dürfen, daß alle Leser, wenn sie die äußerste Sorgfalt berücksichtigen, die wir auf alle unsere Messungen verwendet haben, die Ansicht der fremden Kommissare teilen werden, die unsere ganze Arbeit geprüft haben und diese Grundlinien für völlig genügend erklärten.

Ein weiterer Einwurf richtet sich gegen den Gebrauch des *Borda*schen Kreises, der nicht sofort die auf den Horizont reduzierten Winkel liefert. Aber diese Schwierigkeit, wenn es eine ist, besteht nur für den Rechner. Denn für den Beobachter ist es leichter, sicherer und weniger zeitraubend, die beiden Zenitdistanzen zu messen und die kleine Korrektion anzubringen, als das Instrument genau horizontal aufzustellen und die Fernrohrachse zu prüfen. Die Reduktion auf das Zentrum der Station und die Form der Signale bieten mehr Schwierigkeiten. Man hat sie bei der Verlängerung in Spanien vermieden, indem man sich nur nächtlicher Signale bediente. Aber diese Hilfsmittel waren uns in den unruhigen Zeiten verboten. Man mußte die benutzen, die wir benutzt haben, oder auf die Messung verzichten, und wenn man den Erfolg nach den tatsächlichen Ergebnissen beurteilt, braucht man nur unsere Dreiecke mit denen von *Roy*, *Mudge* und *d'Alby* zu vergleichen, und man wird aus der Summe der drei Winkel erkennen, daß unsere Kreise, trotz der geringeren Stärke ihrer Fernrohre und der Gestalt der Signale, sehr wohl den Vergleich mit den großen Theodolithen von *Ramsden* aushalten; und im allgemeinen haben wir die Ansicht, daß alles, was man berechnen kann, so genau ist, wie es kein noch so vollkommenes Instrument liefern kann. Die Stärke der Fernrohre ist ziemlich belanglos, wenn die Luft klar ist, sie ist schädlich, wenn sie dunstig ist, und ich sah mit meinem kleinen Fernrohr sehr gut das, was in den großen von dreiundeinhalb Fuß mit großer Öffnung unsichtbar wurde. Diese sind nur für Leuchtsignale besser. Die Nachteile, die man für die kleinen Repetitionskreise im Vergleich zu den großen Sektorinstrumenten vermuten könnte, haben wir, wie wir gestehen, mit den englischen Autoren anfangs geteilt; die Messungen haben uns ständig beruhigt, und wir können deswegen auf die Breitenbeobachtungen in Paris, Evaux, Carcassonne, Montjoui, Barcelona und Formentera verweisen.

Zum Schluß wollen wir eine genaue Übersetzung des Schlußparagraphen jenes Artikels, den wir zu widerlegen versucht haben, anfügen:

»Wir wollen unseren Auszug aus jenen wissenschaftlichen Arbeiten nicht abschließen, ohne unseren Wunsch für eine Gleichartigkeit von Maß und Gewicht in England und in allen zivilisierten Ländern auszusprechen. Die Schwierigkeit ist nicht so groß, wie man es glauben könnte, wenn man es aus der Entfernung betrachtet, und um es auszuführen, braucht es nur eines Wortes der gesetzgebenden Gewalt, die die Einführung befiehlt. Was das Grundmaß anlangt, so geht unsere Meinung tatsächlich dahin, daß das Pendel zweckmäßiger ist. Aber da eine andere Fundamentaleinheit tatsächlich bestimmt ist, muß dieser Umstand jede Erwägung bedeutend beeinflussen. Wenn das von Frankreich angenommene System auch genau genommen nicht das beste ist, so nähert es sich doch einem solchen derart, daß der Unterschied bedeutungslos ist. Dagegen kann man keinen Einwand dagegen erheben, daß es etwas enthalte, was ein Land besonders auszeichne, so daß es, wie die Kommissare sagen, wenn die Geschichte der ganzen Arbeit völlig in Vergessenheit geriete, und nur das Ergebnis übrig bliebe, unmöglich sein würde, festzustellen, welches Land den ersten Gedanken an ein solches System gehabt hat*). So tun die anderen Völker Europas am besten, das metrische System der Franzosen einzuführen, mit Ausnahme vielleicht der Kreisteilung**). Vielleicht würde die Teilung in sechshundert Teile der in vierhundert vorzuziehen sein***). Es würde nicht er-

*) Diese Behauptung wird noch treffender, wenn man, wie wir es auch getan haben, den Bogen von 12° 48′ 43,39″ verwendet, der bei Greenwich beginnt und auf Formentera endet.

**) Diese Ausnahme, die durch keine tatsächliche Schwierigkeit begründet ist, sondern nur durch die Achtung vor alten Gewohnheiten und die Furcht vor kleineren, mit jeder großen Änderung unvermeidlichen Schwierigkeiten, würde dem System eine seiner größten Vorzüge nehmen, nämlich eine gemeinsame Skala für die Bogen der Erde und die Längenmessungen. Diese Schwierigkeiten würden nur eine gewisse Zeit andauern und übrigens nur die Astronomen und Seefahrer betreffen, also zwei Klassen, die genügend vorgebildet sind, um sich über Vorurteile erheben zu können.

***) Es ist sehr zweifelhaft, ob diese Einteilung für trigonometrische Rechnung bequemer ist. Die Tafeln von *Gardiner* und *Callet* geben die Sinus von 10 zu 10 Sekunden, d. h. 32400 Sinus, und sie würden in den Handausgaben umfangreicher werden. Die Tafeln von *Borda*, *Huber* und *Ideler* geben nur den dritten Teil, und das forderlich sein, die französischen Namen einzuführen, die dem Geiste der anderen Sprachen fremd sind. Aber das Meter, welchen Namen es auch tragen mag, sollte als Längeneinheit eingeführt werden, und alle anderen Maße sollten davon nach dezimalem System abgeleitet werden. Bei uns selbst kann diese Einführung erfolgen, ohne etwas von unserem nationalen Stolz zu opfern; die Zeit ist dem nicht sehr günstig, und wir können nur mit Eifersucht und Mißtrauen die harmlosesten und löblichsten Unternehmungen Frankreichs verfolgen. Aber wir sollen nicht solchen Vorurteilen nachgeben, wenn gute Absicht und tatsächliche Beweise dem so schlagend widersprechen. Bei einem Plan, der nur Kunst und Wissenschaft angeht, kann man in voller Sicherheit die Maxime gelten lassen: Fas est et ab hoste doceri[11]).« (Edinburgh Review or critical journal for October 1806, Januar 1807, Bd. IX, S. 373ff.)

---

ist ein Nachteil. Die Katastertafeln geben dreimal mehr, und das ist ein Grund, der sie daran hindern wird, allgemein benutzt zu werden. Sie geben 100000 Sinus. Die Teilung des Quadranten in 150 Grade würde nur 15000 Sinus geben, wenn man sich auf die Minute beschränkt, und das ist nicht die Hälfte von denen, die man bei *Callet* findet. Nimmt man 10 zu 10 Sekunden, so gibt das 150000, noch die Hälfte mehr als bei der sexagesimalen Teilung. 15000 Sinus allein würden die Berechnung von zu vielen Proportionalteilen zu schwierig machen, und 150000 würden Bände von zu unhandlicher Größe geben. Die Teilung in 150 Teile an Stelle von 100 würde anscheinend also, ohne einen Vorzug, die Schwierigkeiten der angenommenen Teilung vergrößern.

Borda und Cassini:

Versuche über die Länge des Sekundenpendels in Paris.

Nachstehende Versuche sind im Observatorium, in einem Raum im Erdgeschoß, in dem das Passageninstrument aufgestellt ist, ausgeführt. Es befindet sich darin eine sehr feste isolierte Mauer von 12 Fuß Höhe, 8 Fuß Breite und 2 Fuß Dicke, die später einen großen Viertelkreis des Mauerquadranten tragen soll. An dieser Mauer haben wir unseren Apparat aufgestellt, den man auf der ersten Zeichnung dargestellt sieht. *AB* war die Sekundenuhr, mit deren Schwingungen unser Pendel verglichen wurde. Dieses Pendel *FP* hing ein wenig vor der Uhr und wurde von einem Steinblock *CDEH* getragen, der etwa 3 Kubikfuß groß war und auf dem oberen Teil der Mauer lag. Das Gewicht *P* des Pendels schwang etwa in der Höhe der Mitte der Pendellinse, und man beobachtete es mittels eines kleinen Fernrohres *O* aus etwa 6 Fuß Abstand. Die Uhr und der ganze Pendelapparat waren in einen gemeinsamen Kasten eingeschlossen, der sie vor Luftbewegungen schützte und in seinem unteren Teile Glasscheiben hatte, um die Schwingungen zu beobachten.

Wir wollen zuerst alle Teile unseres Apparates beschreiben und die Methode, nach der wir unsere Beobachtungen anstellten, und dann über die Versuche und ihre Resultate berichten.

Unser Pendel wurde durch eine Anfhängung mittels Schneide getragen. Diese Art der Aufhängung schien uns der mittels eines Klemmstückes vorzuziehen zu sein, weil bei diesem immer eine gewisse Unsicherheit über den wahren Punkt, um den das Pendel schwingt, besteht, während so, falls die Schneide sehr scharf ist, der Drehpunkt als in der Fläche liegend angesehen werden kann, auf der sie ruht. Diese Aufhängung bietet indessen die Schwierigkeit, daß man dem Pendel ein neues Gewicht hinzufügt, das man bei der Berechnung der reduzierten Pendellänge berücksichtigen muß. Aber die entstehende Korrektion kann nur sehr klein sein, weil das Gewicht sehr nahe am Aufhängungspunkt sich befindet, und überdies die spezielle Form, die wir der Anordnung der Schneide gegeben haben, uns von dieser Korrektion befreit. Die Form war so gewählt, daß die Aufhängung für sich ein gesondertes kleines Pendel darstellt, dessen Schwingungen mit der des Hauptpendels synchron sind.

Man sieht die Anordnung der Schneide auf Tafel II, Fig. 2. *AB* ist die Schneide, *CD* ein nach unten gehendes Stück, an dem der Faden befestigt ist, *EF* ein nach oben gehendes, das mit einer Schraube endet. *GH* ist ein kleines Gewicht, das man die Schraube entlang bewegen kann. Mittels dieses Gewichtes, das zum Teil als Gegengewicht gegen das untere Stück diente, regelte man die Schwingungsdauer der Schneide, und man konnte ihr so die gleiche Dauer geben wie der des Pendels. War dieser Synchronismus einmal hergestellt, so ist es klar, daß die Schwingung des Pendels, welche die gleiche wie die der Schneide war, dieselbe sein mußte, als wenn die Masse der Schneide und ihres Zubehörs sozusagen Null wäre. Das wurde übrigens durch folgenden Versuch bestätigt:

An einer vollständigen Schneide wie *BAD*, die etwas weniger als 3 Lot wog, hatten wir ein kleines Bleigewicht von 8 Unzen befestigt oder 64 Lot, derart, daß die Schneide mit dieser Belastung wie vorher synchron mit dem Pendel schwang. Dann haben wir nacheinander die Bewegung des Pendels mit der Uhr verglichen, zuerst bei Verwendung der Schneide von 67 Lot, dann nach Entfernung des Bleigewichtes, wobei das Gewicht auf 3 Lot reduziert wurde, und wir haben in den Resultaten keine merklich größeren Unterschiede gefunden als die, welche man bei Beobachtungen mit einer solchen Schneide findet. Da so das Hinzufügen eines Gewichtes von 64 Lot keinen merklichen Einfluß auf die Schwingungsdauer hatte, so konnte der Einfluß des gewöhnlichen Gewichtes von 3 Lot als Null angesehen werden.

Die Schneide ruhte auf einer Stahlplatte, die man auf Tafel II, Fig. 5 sieht. Diese Platte *MN* war auf einer Messingplatte *IKL* von 10 Linien Dicke befestigt, die ihrerseits auf dem Steinblock *DCH* der ersten Tafel ruhte, mittels dreier starker Schrauben, durch die man die Platte *MN* genau horizontal richten konnte. Die Schneide *OP* befand sich immer in der Mitte der Öffnung *ST*, wenn man Schwingungen beobachtete, wenn man aber die Pendellänge maß, setzte man die Schneide nach *S* und ersetzte sie durch einen Maßstab, der zu dieser Messung verwendet wurde, und dessen oberen Teil man in *QR* sieht.

Nachdem die Art der Aufhängung so bestimmt war, haben wir versucht, welche Art von Faden man verwenden mußte. Wir haben zuerst gefunden, daß metallische Fäden solchen von Seide oder vegetabilischen Ursprungs vorzuziehen sind, weil diese bei gleicher Tragfähigkeit der Luft eine größere Oberfläche bieten und außerdem Ungleichheiten besitzen, von denen die ersten frei sind, wenn sie das Zieheisen passiert haben. Dann haben wir unter den metallischen denen aus Eisen den Vorzug gegeben, da sie bei gleicher Tragfähigkeit leichter sind und kleinere Oberflächen haben als die anderen. Wir haben gefunden, daß einer dieser Drähte, von dem ein Fuß . . . . wog, bis zu $4^1/_2$ Pfund trug, woraus sich ergeben würde, daß ein Draht von einer Linie Durchmesser etwa . . . . tragen würde*). Unser Pendel hatte eine Länge von 12 Fuß und machte infolgedessen alle 2 Sekunden eine Schwingung. Wir haben es vorgezogen, diese Pendellänge zu verwenden statt der einfachen von 3 Fuß, weil die Länge vierfach war, und der Fehler, den man bei der Messung begehen kann, einen viermal geringeren Einfluß auf das Resultat hat.

Der Schwingungskörper, den wir verwendeten, war eine Kugel aus Platin von etwa $16^1/_6$ Linien Durchmesser, die 9911 Gran wog oder ein wenig mehr als 17 Unzen. Die Dichte dieses Metalls, die, wie man weiß, höher ist als bei allen bekannten Körpern, ließ es uns allen anderen vorziehen. Wir haben aus zwei mit großer Sorgfalt angestellten Versuchen gefunden, daß das spezifische Gewicht unserer Kugel zu der des destillierten Wassers sich wie 20,71 zu 1 verhielt, das hundertteilige Quecksilberthermometer vom Schmelzpunkt des Eises bis zum Siedepunkt des Wassers zeigte dabei 20°. Ein anderes Platinstück, das reiner oder besser gehämmert war, gab das Verhältnis 20,98 zu 1.

Die Kugel hing mittels einer kleinen Messingkappe am Faden, wie man auf Tafel II, Fig. 3 und 4 dargestellt findet, und deren unterer Teil *UX* ein Kugelsegment mit gleichem Radius wie die Kugel war. Eine dünne Talgschicht, die zwischen Kugel und Kugelkappe gebracht war, verursachte eine so starke Adhäsion beider, daß sie das Gewicht tragen

*) Es fanden sich hier im Manuskript von *Borda* Lücken, die wir nicht ausfüllen konnten.

konnte. Durch diese Anordnung hatte man bequem die Möglichkeit, die Kugel an verschiedenen Punkten ihrer Oberfläche aufzuhängen, um damit Fehler infolge der ungleichen Dichte der Kugel an verschiedenen Stellen oder Abweichungen von der sphärischen Gestalt zu eliminieren. Denn wenn man Beobachtungen an einem Punkt zuerst macht und dann an dem diametral entgegengesetzten und das Mittel aus den Ergebnissen nimmt, so muß das mittlere Resultat so werden, als ob die Kugel von gleichförmiger Dichte und genau sphärisch wäre. Der Faden des Pendels ging durch ein kleines Loch in dem oberen Teil, der über die Kugelkappe hervorragte, und wurde dort durch eine Druckschraube gehalten. Ebenso wurde er am oberen Ende durch eine Druckschraube an der Stange *CD* der Schneide gehalten.

Wir wollen jetzt die Anordnung beschreiben, die wir zur Vergleichung der Schwingungen des Pendels mit denen der Uhr verwenden. Wir bemerken zunächst, daß wir dem Faden des Pendels eine solche Länge gaben, daß es ein wenig weniger als eine Schwingung ausführte, während das Uhrpendel zwei machte. Auf diese Art stimmten die Bewegungen nur in Zwischenräumen überein, die um so weiter auseinanderlagen, je näher die Schwingungsdauer des Pendels der doppelten der Uhr kam. Um den Augenblick, in dem die Bewegungen übereinstimmten, genauer feststellen zu können, verglichen wir die Uhr und das Pendel, wenn sie ihre größte Geschwindigkeit besaßen, nämlich beim Durchgang durch die Vertikale, und dazu bedienten wir uns folgenden Mittels:

Das Pendel hing, wie wir gesagt haben, ein wenig vor der Uhr und etwa 10 Zoll vor deren Pendellinse. Wir hatten auf diese Linse (vergl. Taf. I und II, Fig. 3) ein schwarzes Papier *e* geleimt, auf welches zwei weiße, sich kreuzende Linien gezeichnet waren, die mit der Horizontalen Winkel von 45° bildeten. Wenn die Uhr angehalten war, und das Pendel gleichfalls ruhig hing, richtete man das Fernrohr *O* in der Richtung *OPe*, die durch die Kreuzungsstelle der Linien und den Pendelfaden ging, und stellte in geringer Entfernung von dem Pendel einen schwarzen Schirm *QRS* auf, dessen Kante *QS* vertikal und so ausgerichtet war, daß sie die Hälfte der Dicke des Fadens verdeckte. Danach setzte man das Pendel und die Uhr in Bewegung und beobachtete die Zeit, in welcher der Faden des Pendels und der Kreuzungspunkt der Linien auf dem Uhrpendel hinter dem Schirm verschwanden.

Nimmt man zunächst an, daß bei den ersten Schwingungen der Faden vor dem Kreuzungspunkt verschwindet, und das Uhrpendel ein wenig mehr als zwei Schwingungen macht, wenn das Pendel eine machte, so werden weiter bei den folgenden Schwingungen die Zwischenräume zwischen den beiden Augenblicken des Verschwindens kleiner und nehmen bei jeder Schwingung immer mehr ab, bis endlich die beiden Objekte im gleichen Augenblick hinter dem Schirm verschwinden, was die erste Koinzidenz ergibt. Bald nach dieser Beobachtung hören die Schwingungen auf, zusammenzufallen, und das Uhrpendel kommt vor dem Pendel zum Schirm. Aber wie es immer mehr voreilt, gewinnt es zwei volle Schwingungen, und man erhält eine zweite Koinzidenz. Die dritte und die weiteren finden ebenso statt, und man fährt mit den Beobachtungen fort, bis die Schwingungen sehr klein geworden sind, und man mehr durch Unsicherheit in den Beobachtungen verliert als durch Dauer der Messung gewinnt.

Unser Pendel behielt, wenn es einmal in Schwingungen versetzt war, eine ganz merkliche Bewegung während 12 Stunden. Aber aus dem obigen Grunde beobachtete man nur 4 bis 5 Stunden lang. Diese Dauer der Vergleichung war übrigens vollständig genügend, das Verhältnis der Schwingungsdauer von Pendel und Uhr ausreichend genau zu bestimmen. Wir haben nämlich bemerkt, daß in dem Fall, wenn der Abstand von zwei Augenblicken des Zusammentreffens der Schwingungen etwa 50 Minuten war, und die Schwingungen nicht zu klein waren, die Unsicherheit über den Zeitpunkt, in dem sie zusammentrafen, höchstens 30 Sekunden betrug, und unter dieser Voraussetzung war der Unterschied der Schwingungen für den Beobachter merklich, wenn eines der beiden beobachteten Objekte um eine fünfzigstel Sekunde vor dem anderen die Vertikale passierte, woraus man findet, daß der Gang des Pendels bei einer Beobachtungsdauer von 4 Stunden auf ein 360000. genau bestimmt ist.

Da die Schwingungsdauer eines Pendels entsprechend der Größe der beschriebenen Bogen größer wird, und wir die Schwingungsdauer auf solche von unendlich kleiner Amplitude reduzieren mußten, so mußten wir diese bei jeder Beobachtung einer Koinzidenz ebenfalls beobachten, und dazu hatten wir in geringer Entfernung vom Pendel eine Skala *MN* (Tafel I) aufgestellt, die in Bogenminuten geteilt war, wobei jede Minute etwa einer halben Linie entsprach.

Wir fügen hier eine Beobachtung bei, die wir über die Bewegung unseres Pendels während 12 Stunden angestellt haben, um das Gesetz, nach dem die Schwingungsbogen abnehmen, festzustellen.

Beobachtungszeit	Bogen auf jeder Seite der Vertikalen
0^h	120,0′
1	61,2
2	35,4
3	21,9
4	14,1
5	9,4
6	6,3
7	4,1
8	2,7
9	1,8
10	1,2
11	0,8
12	0,5

8 Stunden nach dieser Beobachtung besaß das Pendel noch eine kleine Bewegung, aber seine Schwingungen waren nur noch unter dem Mikroskop sichtbar.

Wir wollen jetzt die Anordnung beschreiben, nach der wir die Länge des Pendels bestimmten, vorher müssen wir aber mit einigen Einzelheiten den Maßstab beschreiben, den wir für diese Messung benutzten.

Dieser Maßstab, den man auf Tafel II, Fig. 1 abgebildet sieht, hatte eine Länge von etwas über 12 Fuß. Er bestand aus Platin, und auf ihm lag ein anderer Maßstab aus Messing, dessen Verwendung wir unten erläutern werden.

Der obere Teil des Maßes war durch ein T-förmiges Stück gehärteten Stahles gebildet, das in die Öffnung *ST* in Fig. 5 paßte und dazu diente, es auf der Ebene *MN* zu tragen. Der Teil des T-Stückes, an dem sich das Ende des Maßes befand, und die unteren Flächen der beiden Arme *AB* und *CD* waren sorgfältig auf einer ebenen Platte abgerichtet und bildeten mit dem Ende des Maßes eine und dieselbe Ebene, der Art, daß, wenn das Maß sich an seinem richtigen Platze befand, seine obere Fläche sich genau in der Ebene der Fläche *MN* befand.

Am unteren Ende des Maßes befand sich eine Zunge *EF* aus Platin, die mit leichter Reibung in den beiden Führungen

GH und *LJ*, ebenfalls aus Platin, glitt. Diese Zunge trug eine Teilung von Zwanzigtausendstel von 12 Fuß, und der Nonius *X* auf der einen Führung teilte die Intervalle noch in Zehntel, so daß man also noch Zweihunderttausendstel dieser Länge ablesen konnte. Der Nullpunkt des Nonius befand sich 12 Fuß von der Mitte *P* der Verbindungslinie des T-Stückes aus Stahl und des Maßes, und der Nullpunkt der Teilung der Zunge befand sich am äußersten Ende dieser.

Der Zweck des Messingmaßes, welches das aus Platin bedeckt, war der, mit ihm ein Metallthermometer zu bilden, das, infolge der Ausdehnungsdifferenz der beiden Metalle, dazu dient, in jedem Augenblick die absolute Größe festzustellen, um die das Platinmaß sich verlängert hat. Das Messingmaß war $11^1/_2$ Fuß lang, sein oberes Ende war etwas unter dem T-Stück aus Stahl mittels dreier Schrauben befestigt, und sein unteres freies Ende hatte eine rechtwinklige Öffnung *PR*, in welche ein auf dem Platin befestigtes Stück *ST* hereinragte. Dieses Stück *ST* trug die Teilung des Metallthermometers, bei der jedes Intervall ein Zwanzigtausendstel der Länge des Maßes zwischen dem Nullpunkt des Nonius *U* bis zur Mitte der drei Halteschrauben des oberen Endes *MN* betrug. Der Nonius gab zehnmal kleinere Unterteilungen, also 200000.

Man sieht nach dieser Beschreibung, daß, entsprechend der ansteigenden Temperatur, der Nonius *U* auf den Teilungen von *ST* um die Größe fortschreiten mußte, um die das Messing sich mehr ausdehnte als das Platin. Danach ist es klar, daß man die absolute Ausdehnung der beiden Metalle berechnen kann, wenn man ihr Verhältnis kennt.

Wir fanden aus einer großen Anzahl von Versuchen, die in dem Bericht über die Messung der Grundlinien des Bogens auf der Erde erwähnt sind, daß unser Platinmaß sich bei 100 Teilen des Nonius auf dem Metallthermometer um $92^1/_2$ Teile verlängerte, von denen jeder ein 200000stel der Gesamtlänge des Maßes war. Wir haben auch gefunden, daß dieses Thermometer 151 zeigte bei dem Schmelzpunkt des Eises, und daß 10° des dezimalen Quecksilberthermometers 18,53 des Metallthermometers entsprechen. Daraus ist es leicht, wenn man die durch das Metallthermometer gegebene Teilung kennt, die Länge des Maßes auf den Schmelzpunkt des Eises oder einen anderen beliebigen Grad des Quecksilberthermometers zu reduzieren.

Nach dieser Beschreibung des Maßstabes, mit dem wir die Pendellänge maßen, müssen wir von einem anderen Stück

JHL sprechen (Tafel I und II), das ebenfalls für diese Messung diente. Es war auf einem aus der Mauer hervorragenden Stein befestigt und befand sich ein wenig unterhalb des Gewichtes des Pendels. Es bestand aus einer kleinen Messingplatte *JH*, die gut bearbeitet und horizontal gerichtet war, und nach Belieben mittels einer Schraube, deren Ganghöhe sehr klein war, gehoben und gesenkt werden konnte. Wenn man nach Beendigung einer Messung die Pendellänge bestimmen wollte, so brachte man das Pendel zunächst in Ruhe und hob die Messingfläche so weit, bis sie gerade den unteren Teil der Kugel berührte. Man konnte das wegen der geringen Steigung der Schraube mit großer Genauigkeit ausführen. Dann entfernte man das Pendel aus der Vertikalen und versetzte die Aufhängungsschneide, und man hatte nur noch den Maßstab anzuwenden, um die Entfernung von der kleinen Fläche *JH* bis zur oberen Fläche, die die Schneide trug, zu messen. Dazu brachte man das Maß aus der Stellung *QR* (Tafel II Fig. 5) die es während der Schwingungen des Pendels hatte, bis zur Mitte der Öffnung *ST* an die Stelle wo früher die Schneide der Aufhängung sich befand, und wenn dann das Maß die Stelle des Pendels eingenommen hatte, so senkte sich seine Zunge auf die kleine Fläche *JH* und zeigte an ihrer Teilung die Länge des Pendels von dem Aufhängungspunkte bis zum unteren Ende der Kugel an.

Vor Beendigung unserer Mitteilungen über unseren Normalmaßstab müssen wir über einen Versuch berichten, den wir angestellt haben, um die Verlängerung dieses durch sein Eigengewicht festzustellen, wenn er am oberen Ende aufgehängt war. Dazu haben wir zunächst die Verlängerung unter dem Einfluß eines gegebenen Gewichtes festgestellt, wenn er sich in horizontaler Lage befand; und wir fanden, daß sich bei einem Gewicht von 24 Pfund der Platinstab um $2^1/_4$ Teile auf 200000 verlängerte, der Messingstab um $5^3/_4$ Teile.

Unser Platinstab wog nun 6 Pfund 3 Unzen, und der Messingstab 2 Pfund 5 Unzen. Wenn sie aber aufgehängt waren, war das mittlere Gewicht, das die Verlängerung hervorrief, nur die Hälfte des Gesamtgewichtes jeden Maßes, d. h. 3 Pfund $1^1/_2$ Unzen für die eine. Daraus findet man durch Vergleichung dieser Gewichte mit den in unseren Versuchen verwendeten, daß die beiden Maße, wenn sie aufgehängt werden, sich um $^3/_{10}$ Teile bei dem Platinstab und $^{27}/_{100}$ bei dem Messingstab verlängern. Diese Größen sind, wie man sieht, sehr klein, und man bemerkt, daß sie fast gleich sind, und daß daraus also kein merklicher Unterschied in den Angaben des Metallthermometers entstehen kann.

Nach dieser Beschreibung aller Teile unseres Apparates und die Methode unserer Beobachtungen, wollen wir über die Versuche berichten.

Erster Versuch.

Dieser erste Versuch wurde am Morgen des 1. Juni angestellt. Wir wollen ihn in allen Einzelheiten darstellen, ebenso wie die Korrektionen, die wir angebracht haben zur Reduktion der Beobachtungen auf ein einfaches Pendel im leeren Raum und eine bestimmte Temperatur. Die Berechnungen dieser Korrektionen werden für die nächsten Beobachtungen benutzt werden.

Um $7^1/_4$ Uhr morgens stellten wir den Schirm *QRS* (Tafel I) so auf, wie wir es oben beschrieben haben, und setzten das Pendel um 7^h 45^{min} 32^{sec} in Schwingung. Der Faden des Pendels schien hinter dem Schirm ein wenig vor dem Kreuzungspunkt *e* der Linien auf der Pendellinse zu verschwinden, und um 7^h 46^{min} 8^{sec} eilte die Kreuzung etwas voraus. Man schätzt die erste Koinzidenz auf 7^h 45^{min} 56^{sec}. Das Pendel beschrieb einen Bogen von 64′ nach jeder Seite von der Vertikalen aus.

Um 8^h 59^{min} 2^{sec} hatte das Uhrpendel zwei Schwingungen vor dem Pendel voraus, und man beobachtete den Beginn der zweiten Koinzidenz und um 8^h 59^{min} 30^{sec} das Ende. Man schätzt, daß das wahre Zusammentreffen ein wenig näher an der ersten Beobachtung als an der zweiten liegt, und setzt sie zu 8^h 59^{min} 10^{sec} an. Der vom Pendel beschriebene Bogen war 32′.

Eine dritte Koinzidenz war ebenso um 10^h 12^{min} 40^{sec} bei einem Bogen von 19′ beobachtet worden.

Eine vierte um 11^h 26^{min} 29^{sec}. Der Bogen war $11^1/_2$′.

Eine fünfte um 12^h 39^{min} 3^{sec}, der Bogen war dabei auf 7′ zurückgegangen. Man beschränkte sich auf diese 5, da die folgenden wegen der Kleinheit der Bögen zu unsicher geworden wären.

Zwei dezimale Quecksilberthermometer, die in dem Kasten, der das Pendel umgab, untergebracht worden waren, das eine in der Höhe der Kugel, das andere an der Aufhängung, waren nach jeder Koinzidenz abgelesen worden. Die fünf Ablesungen des unteren Thermometers ergaben 15,2°, 15,4°, 15,4°, 15,4°

und 15,6°, die des oberen 16,5°, 16,0°, 16,9°, 16,8° und 17,0°. Man sieht daraus, daß die Veränderungen während der Dauer des Versuches sehr klein waren, und daß das obere Thermometer immer eine höhere Temperatur anzeigte, als das untere, was zweifellos daher kommt, daß die warme Luft in dem Kasten immer nach oben stieg.

Nachdem die Beobachtungen der Koinzidenzen beendet waren, wurde mit dem Platinmaß auf die früher beschriebene Weise der Abstand zwischen der Aufhängung und der kleineren Fläche *JH*, die sich in Höhe des unteren Teiles der Kugel befand, gemessen. Das untere Ende der Zunge berührte diese, und der Nonius zeigte 3952,2 Teile, (wobei jeder ein 200000. der Entfernung zwischen dem Nullpunkt des Nonius und dem oberen Ende des Maßes ist), und die gemessene Länge war also 203952,2 Teile.

Gleichzeitig hatte man das Metallthermometer beobachtet, es zeigte im Augenblick der Messung 181,3 Teile.

Endlich wurde der Gang der Uhr nach der das Pendels beobachtet wurde, aus sechs Sterndurchgängen am 4. und 5. bestimmt. Man fand, daß sie täglich um $13{,}4^{sec}$ Sternzeit voreilte.

Das Barometer zeigte 28 Zoll 3 Linien während der Zeit, in der man die Pendelbeobachtungen machte.

Um aus diesen Beobachtungen die Länge des Sekundenpendels zu bestimmen, müssen wir zunächst aus den Beobachtungen der Koinzidenzen die Zahl der Schwingungen berechnen, die das Pendel in einem Tage mittlerer Sonnenzeit gemacht hätte, unter der Annahme, daß es immer die gleiche Bewegung wie während des Versuches habe. Dann müssen wir die gemessene Pendellänge anwenden, an der wir alle erforderlichen Korrektionen anbringen, um die Entfernung von dem Aufhängungspunkt bis zum Schwingungsmittelpunkt zu finden, und endlich müssen wir aus dieser reduzierten Entfernung und der Schwingungszahl des Pendels während eines Tages die Länge des Sekundenpendels berechnen.

Anzahl der Schwingungen, die das Pendel in einem Tage gemacht hätte.

Die erste Koinzidenz war $7^h\ 45^{min}\ 56^{sec}$, und die zweite $8^h\ 59^{min}\ 10^{sec}$ beobachtet worden. Die verflossene Zeit war also $73^{min}\ 14^{sec}$ oder 4394^{sec}, und während dieser Zeit hatte das Uhrpendel die doppelte Zahl der Schwingungen des Versuchspendels und noch zwei weitere ausgeführt. Das Pendel hat infolge dessen 2196 Schwingungen gemacht. Kennt man also die Anzahl der Schwingungen eines Uhrpendels während eines Sonnentages mittlerer Zeit, so kann man leicht die Schwingungszahl des Versuchspendels in der gleichen Zeit berechnen.

Wir haben erwähnt, daß die Uhr täglich $13{,}4^{sec}$ Sternzeit vorlief; während eines Umlaufes des Fixsternhimmels machte dieses Pendel also 86413,4 Schwingungen. Man findet daraus, daß es in einem mittleren Sonnentag 86650,0 Schwingungen machen würde. Man bildet jetzt folgendes Verhältnis: 4394 (Schwingungszahl der Uhr in der Zeit zwischen zwei Koinzidenzen) verhält sich zu 2196 (Schwingungszahl des Pendels in dieser Zeit) wie 86650 zu einem vierten Glied, das sich gleich 43305,28 ergibt, nämlich der Schwingungszahl des Pendels in einem mittleren Sonnentag.

Wendet man das gleiche Rechnungsverfahren auf das zweite Intervall an, das 4410^{sec} beträgt, so findet man als Schwingungszahl des Pendels aus diesem Intervall 43305,35.

Ebenso findet man aus dem dritten Intervall 43305,44 und aus dem vierten 43305,14.

Man muß indessen an diesen Zahlen eine Korrektion anbringen, die von der Größe der Pendelbögen abhängt, um sie auf solche zu reduzieren, wenn die Schwingungen unendlich klein sind. Man weiß, wenn die Amplitude einer Schwingung eine kleine Anzahl Grade nicht überschreitet, ihre Dauer sich zu der einer unendlich kleinen Schwingung verhält, wie eins, vermehrt um den sechzehnten Teil des Quadrates des Sinus des Bogens zu eins. Nimmt man also als mittleren Bogen während des Intervalles zwischen zwei Koinzidenzen das Mittel der am Anfang und Ende des Intervalles gemessenen Bögen und multipliziert die Schwingungszahl mit dem sechzehnten Teil des Quadrates des Sinus dieses mittleren Bogens, so erhält man die angenäherte Korrektion, die man an jeder Zahl anbringen muß.

Will man die Korrektion genauer anbringen, so muß man bedenken, daß die Bögen in gleichen Zeiten nach einem geometrischen Verhältnis abnehmen; ist also der Bogen zu Beginn des Intervalles a, am Ende dieses b und die Schwingungszahl M, so findet man als Korrektion die Größe $\frac{M \sin(a+b) \sin(a-b)}{32 \mu \log \frac{a}{b}}$, die der Zahl M der Schwingungen hinzugefügt, diese auf unendlich kleine reduziert. μ ist der Modul.

Man kann an der Schwingungsdauer noch eine andere Korrektion anbringen, die von der Ausdehnung des Fadens herrührt. Sie besteht in folgendem: Man sieht leicht ein, wenn man den Faden als ausdehnbar oder elastisch ansieht, daß er sich während einer Schwingung durch den Einfluß der Zentrifugalkraft verlängern muß. Andererseits muß er sich verkürzen, je weiter er sich von der Vertikalen entfernt, weil dann der Einfluß der Schwere schief zur Fadenrichtung wirkt und also nicht die gleiche Spannung hervorruft. Wenn man die aus beiden Ursachen sich ergebende Korrektion bestimmt, und man E die Größe nennt, um die sich der Faden unter dem Einfluß eines Gewichtes π verlängert, P das Gewicht der Kugel, L die Länge des Fadens, A den beschriebenen Bogen, so findet man diese Korrektion durch $^{11}/_{16}\,\frac{PE}{\pi L}\,A^2$ angegeben, während die aus der Größe des Bogens $^1/_{16}\,A^2$ ist. Beide Korrektionen verhalten sich also wie 1 zu $11 \cdot \frac{PE}{\pi L}$. Wir haben durch einen Versuch gefunden, daß die Belastung der Kugel durch ein Zusatzgewicht, das etwa der 19. Teil des Eigengewichts der Kugel war, unser Faden sich um 10 Teile auf 203000 verlängerte, man hatte also $\frac{P}{\pi} = 19$, $\frac{E}{L} = \frac{1}{20300}$. Setzt man diese Werte in den obigen Ausdruck ein, so findet man, daß die Korrektion aus der Größe der Bogen zu der infolge der Dehnbarkeit sich wie 1 zu $\frac{11 \cdot 19}{20300}$ oder wie 1 zu etwa $\frac{1}{97}$ verhält, d. h, daß die neue Korrektion nur etwa der hundertste Teil der alten ist. Daher können wir auf sie verzichten und werden uns darauf beschränken, die infolge der Amplitude anzubringen.

Wenn man danach nun die Korrektionen nach obiger Formel berechnet, so findet man, daß die Schwingungszahlen vergrößert werden müssen, nämlich die erste um 51 Hundertstel, die zweite um 14, die dritte um 5 und die vierte um 2 Hundertstel. Die nachstehende Tabelle gibt die aus dem Versuch berechneten Zahlen und die korrigierten.

Zeit zwischen zwei Koinzidenzen		Hieraus berechnete Schwingungszahl in einem Tage	Korrektion infolge der Amplitude der Bögen	Korrigierte Zahl
73^{min}	14^{sec}	43 305,28	0,51	43 305,79
73	30	43 305,35	0,14	43 305,49
73	49	43 305,44	0,05	43 305,49
72	34	43 305,14	0,02	43 305,16
			Mittel	43 305,48

Aus diesen Resultaten sieht man, daß man die Bewegung des Pendels mit großer Genauigkeit bestimmt, auch wenn man nur die Zeit zwischen zwei Koinzidenzen berücksichtigt; vergleicht man nämlich das Resultat, das sich von dem Mittel 43305,48 am weitesten entfernt, so ist die Differenz nur $\frac{32}{100}$ Schwingung auf 43 305 was nur 1/150 Linie auf die berechnete Sekundenpendellänge gäbe. Der Unterschied würde doppelt so klein werden, wenn man zwei Koinzidenzen berücksichtigte.

Messung des Pendels.

Wir haben erwähnt, daß die Entfernung von dem Aufhängungspunkt des Pendels bis zum unteren Ende der Kugel zu 203 952,2 Teilen gefunden wurde.

Dazu muß man zunächst 0,3 Teile hinzufügen wegen der Verlängerung des Maßes infolge seines Hängens am oberen Ende, wie wir es aus dem oben mitgeteilten Versuch geschlossen haben; es gibt dieses also 203 952,5 Teile.

Die Messung wurde aber am Ende des Versuches vorgenommen, und die Temperatur des Kastens, der das Pendel umschloß, hatte sich während des Versuches ein wenig geändert, und die Länge des Fadens mußte deswegen sich auch ändern. Um dieses zu berücksichtigen, bemerken wir, daß ein Eisendraht sich um etwa 70 Tausendstel verlängert für einen Grad des Réaumurthermometers und infolgedessen um $\frac{1}{87\,000}$ für einen Grad unserer dezimalen Thermometer, was auf die Länge des Versuchspendels etwa 2,33 Teile ausmachen würde. Die Thermometer haben nun als Mittel aller Ablesungen 16,12° gegeben und 16,3° als man die Pendellänge maß, der

Unterschied ist also 0,18°. Da nun die Korrektion für einen Grad 2,33 ist, wird sie für 0,18° 0,43 Teile, so daß damit die schon gefundene Länge von 203952,6 Teilen auf die Länge 203952,17 bei der mittleren Temperatur der Beobachtung reduziert werden muß.

Diese Messung liefert die Entfernung von dem Aufhängungspunkt bis zum tiefsten Punkt der Kugel. Man muß davon also den halben Durchmesser der Kugel abziehen, um die Entfernung nur bis zu ihrem Zentrum zu erhalten. Um diesen Halbmesser zu bestimmen, haben wir uns der Zunge am unteren Ende unseres Platinmaßes bedient. Die Kugel wurde zunächst auf die kleine Messingfläche *IH* Tafel I aufgesetzt, und man ließ die Zunge auf den höchsten Punkt der Kugel gleiten, an dem sie aufgehängt war, und man achtete darauf, die Kugel derart zu bewegen, bis wir den Punkt erreicht hatten, an dem die Zunge am höchsten stand. Wir lasen dann die Angabe des Nonius ab, nahmen die Kugel fort und ließen die Zunge auf die Messingfläche sinken, wo wir wieder den Nonius ablasen. Der Unterschied der beiden Ablesungen gab den Durchmesser der Kugel. Wir fanden so, daß er gleich 1874 Teilen auf der Zunge war, und wir haben bei vielfachen Wiederholungen des Versuches niemals mehr als einen halben Teil Unterschied in den Ergebnissen gefunden, was ein Viertelteil auf die Länge des Radius ausmachen würde, oder etwa ein 460. Linie. Der Durchmesser der Kugel war 1874 Teile, sein Radius also 937 Teile, die man von der obigen Zahl abziehen muß; und es bleiben vom Aufhängungspunkt bis zur Mitte der Kugel 203015,17 Teile [12]).

Aber der Schwingungsmittelpunkt einer Kugel, die um einen Punkt schwingt, liegt nicht im Mittelpunkt selbst der Kugel, sondern ist vom Aufhängungspunkt um zwei Fünftel vom Quadrat des Radius, geteilt durch die Entfernung vom Aufhängungspunkt bis zum Kugelmittelpunkt weiter entfernt. Man muß also die schon gefundene Entfernung um $\frac{2}{5} \cdot \frac{937^2}{203015}$, das 1,73 Teile gibt, vergrößern, und erhält dann 203016,90 Teile.

Wir haben bis jetzt noch keine Rücksicht auf das Gewicht des Pendelfadens und der Kugelkappe *UX* (Tafel II, Fig. 4), die die Kugel trägt, genommen. Um diese Größen zu finden, die beide die Lage des Schwingungsmittelpunktes beeinflussen, wollen wir uns der bekannten geometrischen Formel bedienen, nach der man die Länge eines physikalischen Pendels bestimmt.

Die Entfernung vom Aufhängungspunkt bis zum Kugel-Mittelpunkt sei A, die Länge des Stabes CD (Tafel II, Fig. 2), die den Faden hält sei B, der Radius der Kugel R, und die Entfernung vom Mittelpunkt der Kugel bis zum Schwerpunkt der Kugelkappe UX sei D. Das Gewicht des Fadens sei π, das der Kappe Φ und das der Kugel, das wir in ihrer Mitte vereinigt denken, P. Man findet dann die Entfernung vom Aufhängungspunkt bis zum Schwingungsmittelpunkt oder die Pendellänge

$$= A - \frac{\frac{\pi}{6P}\left(A + B + R + \frac{2BR - 2BB - 2RR}{A}\right) + \frac{\Phi}{\pi}\left(D - \frac{DD}{A}\right)}{1 + \frac{\pi}{2P}\left(1 + \frac{B - R}{A}\right) + \frac{\Phi}{P}\left(1 - \frac{D}{A}\right)}$$

ein Ausdruck, dessen zweiter Teil die Korrektion wegen des Gewichtes des Fadens und der Kugelkappe gibt. Es handelt sich jetzt darum, die Werte der in der Formel enthaltenen Größen zu bestimmen. Wir haben mit großer Sorgfalt und mittels der feinsten Wagen den Faden und die Kappe gewogen und das Gewicht des Fadens oder π zu 13,79 Gran und das der Kugelkappe oder Φ zu 37,82 Gran bestimmt. Die Platinkugel wog, wie schon früher erwähnt, 99,11 Gran. Die Entfernung vom Aufhängungspunkte bis zum Beginn D des Fadens d. h. B war 17 Linien, das 1968 Teilen unseres Maßes entspricht. Der Schwerpunkt der Kappe war sehr nahe an der Oberfläche der Kugel, d. h. man hatte $D = R$, und wir haben schon erwähnt, daß man den Radius der Kugel zu 937 Teilen und die Entfernung A zu 203016,9 Teile bestimmt hatte.

Setzt man diese Werte in obigen Ausdruck ein, so erhält man als Gesamtkorrektion 51,08 Teile, von denen $47\,^3/_4$ etwa auf das Gewicht des Fadens entfallen und $3\,^1/_4$ auf das der Kappe.

Die 51 Teile, die wir gefunden haben, sind nur etwa der viertausendste Teil der Gesamtlänge, woraus man sieht, daß man einen ziemlich beträchtlichen Fehler beim Gewicht des Drahtes und der Kappe begehen kann, ohne einen merklichen Einfluß auf die Pendellänge zu erhalten. Man kann sich z. B. um $^1/_8$ Gran im Gewicht des Fadens irren, um nur einen

Unterschied von $^1/_{1000}$ Linie in der Länge des Sekundenpendels zu erhalten. Wir glauben aber, daß unser Fehler bei diesem Gewicht nur $^1/_{64}$ Gran ist. Ein Fehler im Gewicht der Kappe würde noch viel geringeren Einfluß auf die Pendellänge haben.

Wir haben noch feststellen wollen, ob in der Länge des Fadens, den wir benutzt haben, nicht noch einige Ungleichheiten in der Dichte vorhanden sind, die eine besondere Korrektion verlangen. Wir haben den Faden in zwei gleiche Teile geteilt, die wir einzeln gewogen haben, und haben gefunden, daß die Differenz nicht $^1/_{50}$ Gran überstieg. Infolgedessen haben wir hierauf bei der Rechnung keine Rücksicht genommen.

Die Korrektion von 51,08 Teilen, die wir gefunden haben, kann also als sehr genau angesehen werden. Wenn man sie von der oben gefundenen Entfernung von 203016,90 Teilen abzieht, so erhält man die Entfernung von dem Aufhängungspunkt bis zum Schwingungsmittelpunkt des Pendels oder, was das Gleiche ist, die Länge des gänzlich korrigierten Pendels zu 202965,82 Teilen.

Berechnung der Länge des Sekundenpendels.

Wir haben gefunden, daß unser Pendel in einem mittleren Sonnentage 43305,48 Schwingungen macht, und man weiß, daß die Länge der Pendel umgekehrt proportional den Quadraten der Schwingungszahlen ist, die sie in gleichen Zeiten ausführen. Um danach aus unserem Versuch die Länge des Sekundenpendels zu bestimmen, d. h. eines Pendels, das 86400 Schwingungen in einem Sonnentag macht, muß man folgendes Verhältnis bilden:

Das Quadrat von 86400 verhält sich zum Quadrat von 43305,48 wie die reduzierte Pendellänge unseres Pendels zu einer vierten Zahl, die man zu 50989,55 findet, und die also die Länge des Sekundenpendels ist.

Diese Länge muß man jetzt auf die reduzieren, welche es haben würde, wenn es im leeren Raum schwingen würde. Nach dem Versuche von *Deluc* entspricht bei 16 $^3/_4{}^0$ eines Réaumurthermometers und 28 Zoll Barometerstand einer Quecksilbersäule von einer Linie Höhe eine Luftsäule von 77,55 Fuß, d. h. daß das spezifische Gewicht der Luft sich zu dem des Quecksilbers wie eine Linie zu 77,55 Fuß oder wie 1 zu

11168 verhält[13]). Nach den Tafeln von *Brisson* verhält sich aber das Gewicht von Quecksilber zu dem von destilliertem Wasser wie 13,57 zu 1, und wir haben oben erwähnt, daß das spezifische Gewicht unserer Kugel zu dem vom Wasser sich wie 20,71 zu 1 verhält. Daraus folgt das Verhältnis des spezifischen Gewichts der Luft zu unserer Kugel wie 1 zu 17044.

Der Einfluß der Schwere auf diese Kugel würde also um etwa $^1/_{17000}$ größer im leeren Raum als in Luft sein, und die Schwingungsdauer im leeren Raum würde man erhalten, wenn man die Pendellänge um $^1/_{17000}$ der gefundenen vergrößert, was 2,99 Teile, bzw. 3,02 Teile ergibt, wenn man das Volumen des Fadens und der Kappe berücksichtigt.

Diese Reduktion nimmt den Barometerstand zu 28 Zoll und das Réaumurthermometer zu $16\,^3/_4{}^{\circ}$ an, oder unsere dezimalen Thermometer zu 21°. Sie muß um $^1/_{336}$ für eine Linie höheren Barometerstand größer sein und um $^1/_{270}$ für einen Grad des dezimalen Thermometers. Wenn also das Barometer 28 Zoll 2,8 Linien während des Versuches zeigte, und das Thermometer 16°, so ist die Korrektion 3,10 Teile, die der Länge des Pendels in Luft hinzugefügt, als Länge im leeren Raum 50992,6 Teile liefern.

Es bleibt nur noch übrig, diese Länge auf einen festen Punkt der Temperaturskala zu beziehen, und wir werden zur größeren Einfachheit den Schmelzpunkt des Eises wählen, d. h. wir reduzieren die Messung so, als ob das Platinmaß sich bei der Messung auf der Temperatur des schmelzenden Eises befunden hätte, als wir die Pendellänge bestimmten. Wir bemerken übrigens, daß die Temperatur durchaus nicht in das gesuchte Endresultat eingeht, da wir die Schwingungszahl eines Pendels in einem Tag finden sollen, das einem Meter, oder dem zehnmillionsten Teile des Erdmeridianquadranten gleich sein soll, und daß die Größe des Meridians unverändert bleibt, welches auch die Temperatur ist. Aber wir müssen diese Reduktion anbringen, erstens, um die verschiedenen Resultate miteinander vergleichen zu können, und dann um das Maß, das wir finden, auf das der Grundlinien des Bogens der Erde beziehen zu können, was mit Maßstäben, die ebenfalls auf eine gegebene Temperatnr reduziert sind, ausgeführt wird.

Wir haben erwähnt, daß unser Metallthermometer beim Schmelzpunkt des Eises 151 Teile anzeigte; wir haben ebenso erwähnt, daß für 100 Teile mehr auf diesem

Thermometer der Platinstab sich um $\frac{92\,^1/_2}{200\,000}$ oder, was das gleiche ist, für einen Teil des Metallthermometers sich um $\frac{1}{216\,000}$ verlängerte. Nun zeigte bei unserem Versuch das Metallthermometer 181,5 Teile, und zwar mehr als beim Schmelzpunkt des Eises, multipliziert man also 30,5 mit der Pendellänge 50992,6 Teile und dividiert durch 216000, so erhält man als Temperaturkorrektion 7,15 Teile; diese Korrektion ist additiv, weil man, wenn das Maß die Temperatur des schmelzenden Eises gehabt hätte, als Pendellänge eine größere Anzahl Teile des Maßes gefunden hätte. Danach erhält man als Länge des Sekundenpendels mit allen Korrektionen 50999,75 Teile.

Zweiter Versuch.

Dieser Versuch wurde am Nachmittag des gleichen Tages, am 15. Juni ausgeführt. Folgendes sind die Beobachtungen:

Beobachtete Zeiten der Koinzidenzen	Zeit-differenzen	Bögen auf jeder Seite der Vertikalen
4^h 22^{min} 4^{sec}		61′
	71^{min} 44^{sec}	
5 33 48		34
	72 15	
6 46 3		17
	72 9	
7 58 12		10

Der Abstand von der Aufhängung bis zum unteren Ende der Kugel ergab sich zu 223951,0 Teilen, das Metallthermometer zeigte 182 Teile.

Mittel der Thermometerablesung während des Versuches 16,6°
Bei der Messung des Pendels . . . . 16,4°

Barometerstand 28 Zoll 2,2 Linien.

Berechnung des Versuchs.

Wir wollen in dieser Berechnung und den folgenden den gleichen Weg wie bei dem ersten Versuch einschlagen.

Man bestimmt zunächst die Schwingungszahl, die das Pendel mit der Bewegung, die es bei der Beobachtung hatte, an einem

Tag ausgeführt hätte, und bei der Annahme, daß die Uhr $13{,}4^{sec}$ täglich Sternzeit vorgeht. Dann bringt man die Korrektion wegen der Amplituden an, und man erhält folgende Resultate.

Schwingungszahl des Pendels an einem Tag	Korrektion wegen der Amplitude	Korrigierte Schwingungszahl
43304,87	0,45	43305,32
43305,02	0,13	43305,15
43304,99	0,04	43305,03
	Mittel	43305,17

Abstand von der Aufhängung bis zum unteren Ende der Kugel	203951,0 Teile
Korrektion wegen Verlängerung des Maßes infolge des Aufhängens	0,3
	203951,3

Zur Feststellung der Korrektion wegen Änderung der Temperatur im Pendelkasten: Mittlere Temperatur während der Messung . . .	16,6°
Bei Messung der Länge	16,4°
Differenz	— 0,2°

Wir fanden, daß für eine Temperaturerhöhung von 1° man 2,33 Teile von der gemessenen Länge abziehen muß. Für 0,20 Erniedrigung findet man also eine Verlängerung von 0,47 Teilen.

Man erhält also die korrigierte Länge . .		203951,77 Teile
Davon zieht man wie früher den Radius der Kugel ab	937,00	988,08
Und dann wegen des Gewichtes des Kappe und des Fadens	51,08	
	Es bleibt	202963,69

Zur Berechnung der Länge des Sekundenpendels bildet man dann das Verhältnis: Das Quadrat von 86400 verhält sich zum Quadrat von 43305,17 (Schwingungszahl des Pendels in einem Tag) wie die Länge 202963,69 zu einem vierten Ausdruck, der die Länge des Sekundenpendels darstellt, und der sich ergibt zu . . . . 50988,71 Teilen

Dieses ist die Länge in der Luft; um sie auf den leeren Raum zu reduzieren, muß man die Korrektion wegen Barometer- und Thermometerstand anbringen, die sich ergibt zu 3,09 Teilen
die Länge im leeren Raum ist also . . . 50991,80 Teile

Schließlich braucht man diese Länge nur noch auf die zu reduzieren, die man gefunden hätte, wenn der Maßstab sich auf der Temperatur des schmelzenden Eises befunden hätte.

Bei der Messung zeigte das Metallthermometer 182 Teile, also 31 mehr als bei dem Schmelzpunkt des Eises, der bei 151 Teilen liegt. Man multipliziert 31 mit der schon gefundenen Länge 50991,8 und dividiert durch 216000, und man erhält dann als Korrektion 7,31 Teile, die man 50991,80 hinzufügen muß, und man erhält als Länge des vollständig korrigierten Sekundenpendels 50999,11 Teile.

Das Ergebnis des zweiten Versuches unterscheidet sich von dem ersten nur um ein 80000, was auf die Länge des Sekundenpendels nur einen Unterschied von $^{1}/_{180}$ Linie ausmachen würde.

Dritter Versuch vom 18. Juni morgens.

Die Augenblicke der Koinzidenzen und die Größe der beschriebenen Bögen wurden folgendermaßen beobachtet.

Zeiten der Koinzidenzen			Zeiten zwischen den Koinzidenzen		Bögen der Schwingungen
8^{h}	4^{min}	52^{sec}			63′
			71^{min}	28^{sec}	
9	16	20			32
			72	52	
10	29	12			18
			71	38	
11	40	50			10
			72	29	
12	53	19			$6^{1}/_{4}$

Abstand des Aufhängungspunktes vom unteren Ende der Kugel 203951,8 Teile, Angabe des Metallthermometers dabei 185 Teile.

Mittlere Temperatur im Kasten des Pendels während des Versuches . . . . 17,3°
Bei der Messung des Pendels . . . . 17.7°
Differenz + 0,4°

Barometerstand 27 Zoll 10,9 Linien.

Der Uhrgang nach mehreren Beobachtungen am 15., 18. und 23. ergab sich als ein Vorgehen von 13,1^{sec} Sternzeit täglich, das Uhrpendel machte also in einem mittleren Sonnentage 86649,7 Schwingungen.

Berechnung des Versuches.

Aus den Schwingungszahlen des Pendels findet man zunächst folgende Ergebnisse.

Schwingungszahl in einem Tag	Korrektion wegen der Amplitude	Korrigierte Zahlen
43304,62	0,51	43305,13
43305,02	0,14	43305,16
43304,67	0,08	43304,75
43304,91	0,02	43304,93
	Mittel	43304,99

Abstand von der Aufhängung bis zum unteren Ende der Kugel . . . . 203 951,80 Teile

Verlängerung des Maßes wegen der Aufhängung 0,30

203 952,10

Die Temperatur im Pendelkasten war am Ende des Versuches um 0,4° höher als in der Mitte des Versuches. Man muß also von der gefundenen Länge 2,33 Teile multipliziert mit 0,4 abziehen; es ergibt 0,93

Es bleibt also 203 951,17

Man zieht dann den Radius der Kugel, die Entfernung des Schwingungsmittelpunktes von ihrer Mitte und die Korrektion wegen des Gewichtes des Fadens und der Kappe wie früher ab 986,35

Es bleibt dann als Pendellänge 202 964,82

Multipliziert man diese Länge mit dem Quadrat der Schwingungszahl des Pendels in einem Tag, die sich zu 43 304,99 ergeben hatte, und dividiert durch das Quadrat von 86 400, so erhält man als Länge des Sekundenpendels in Luft 50 988,38 Teile; und fügt man wegen der Schwere der Luft die Korrektion aus dem Barometerstand und der Thermometerablesung hinzu, die sich zu 3,03 Teilen ergibt, so erhält man als Pendellänge im leeren Raum 50 991,41 Teile.

Es bleibt jetzt nur noch übrig, die Messung auf die zu reduzieren, welche man erhalten hätte, wenn der Maßstab sich bei der Temperatur des schmelzendes Eises befunden hätte. Unser Metallthermometer zeigt 185 Teile bei der Messung der Länge, d. h. 34 Teile mehr als dem Eispunkte entspricht, der bei 151 liegt. Multipliziert man 34 mit der schon gefundenen Länge und dividiert das Produkt durch 216 000, so erhält man als Korrektion 8,03 Teile, die man zu 50 991,41 addiert und so als vollständig korrigierte Länge 50 999,44 Teile findet.

Man sieht, daß dieses dritte Resultat sich dem ersten noch mehr nähert als das zweite. Der Unterschied ist nur ein 160 000.

Vierter Versuch vom 18. Juni abends.

Zeiten der Koinzidenzen	Zeiten zwischen den Koinzidenzen	Bogen des Pendels
1^h 27^{min} 57^{sec}		59½′
	70^{min} 58^{sec}	
2 38 55		30½
	71 20	
3 50 15		17
	70 55	
5 1 10		10

Gemessene Länge . . . . 203 952,5 Teile
Metallthermometer 184,7
Mittlere Temperatur des Kastens . . . . 18°
Am Ende des Versuches . . . . 18°
Uhrgang wie des Morgens
Barometerstand 27 Zoll 10,7 Linien.

Berechnung des Versuches.

Schwingungszahl in einem Tag	Korrektionen der Bögen	Korrigierte Zahlen
43304,50	0,45	43304,95
43304,57	0,13	43304,70
43304,48	0,04	43304,52
	Mittel	43303,72

Gemessene Länge 203952,50

Hinzuzufügen sind 0,3 Teile wegen der Verlängerung des Maßstabes durch das Aufhängen, und abzuziehen sind wegen der anderen mit den früheren Versuchen übereinstimmenden Korrektionen 986,35 Teile, oder, daß das gleich ist, abzuziehen sind . . . . 986,05 Teile

Man erhält als Pendellänge 202966,45

Multipliziert man diese Größe mit dem Quadrate von $\frac{43304,72}{86400}$, so erhält man als Länge des Sekundenpendels in Luft 50987,91 Teile, und fügt man die Korrektion wegen der Schwere der Luft mit 3,05 Teilen hinzu, so erhält man als Pendellänge im leeren Raum 50990,96 Teile.

Endlich hatte das Metallthermometer 184,7 angezeigt, also 33,7 mehr als am Schmelzpunkt des Eises, die Korrektion zur Reduktion dieser Messung auf diese Temperatur ist also 7,95 Teile, und dieses, der obigen Länge von 50990,96 Teilen hinzugefügt, ergibt als gänzlich korrigierte Länge des Sekundenpendels 50998,91 Teile.

Dieses Resultat unterscheidet sich von dem ersten um ein $^1/_{60000}$ etwa. Wenn man es aber mit dem mittleren Resultat der vier Messungen vergleicht, ist der Unterschied nur $\frac{1}{130000}$

Fünfter Versuch vom 25. Juni morgens.

Zeiten der Koinzidenzen	Zeiten zwischen den Koinzidenzen	Bogen
$8^h\ 51^{min}\ 23^{sec}$		67′
	$72^{min}\ 2^{sec}$	
10 3 25		34
	73 20	
11 16 45		19
	73 15	
12 30 0		11
	74 39	
13 44 39		6

Gemessene Länge . . . . 203951,3 Teile
Metallthermometer 181,0

Mittlere Temperatur des Pendelkastens während d. Versuches 16,4°
Temperatur am Ende des Versuches . . . . 16,5°

Differenz + 0,1°

Barometerstand 28 Zoll 2 Linien.

Die Uhr ging täglich 13,3^sec^ Sternzeit vor; infolgedessen machte das Uhrpendel in einem Sonnentag mittlerer Zeit 86650 Schwingungen.

Berechnung des Versuches.

Schwingungszahl in einem Tag	Korrektion wegen der Bögen	Korrigierte Zahlen
43304,95	0,55	43305,50
43305,31	0,15	43305,46
43305,28	0,05	43305,33
43305,64	0,02	43305,66
	Mittel	43305,49

Gemessene Pendellänge . . . . 203951,30 Teile
Korrektion wegen der Temperatur des Gehäuses —0,23

203951,07

Andere Korrektionen wie bei den früheren Versuchen . . . . —986,05

Länge des Pendels 202965,02

Multipliziert man diese Länge mit dem Quadrat von $\frac{43305,49}{86400}$, so erhält man als Länge des Sekundenpendels in Luft 50989,36 Teile und nach Hinzufügung der Korrektion wegen des Gewichtes der Luft von 3,10 Teilen als Länge des Sekundenpendels im leeren Raum 50992,46 Teile.

Endlich zeigt das Metallthermometer bei der Messung des Pendels 181 Teile, und man erhält daraus als Korrektion für die Reduktion auf den Eispunkt 7,08 Teile, die 50992,46 hinzugefügt, als vollständig korrigierte Länge des Sekundenpendels 50999,54 Teile ergeben.

Das Resultat des fünften Versuches stimmt mit dem Mittel der fünf Versuche auf $\frac{1}{260000}$ überein.

Sechster Versuch vom 27. Juni morgens.

Zeiten der Koinzidenzen	Zeiten zwischen den Koinzidenzen	Bogen
8^h 43^{min} 9^{sec}		71′
	72^{min} 1^{sec}	
9 55 10		34½
	72 50	
11 8 0		19
	73 2	
12 21 2		11
	73 9	
13 34 11		7

Gemessene Länge . . . . 203 952,0 Teile
Metallthermometer 181,8
Mittlere Temperatur des Pendelkastens während d. Versuches 16,0°
Am Ende des Versuches . . . . 16,4°
Differenz + 0,4°

Barometerstand 28 Zoll 2,5 Linien.

Die Uhr ging täglich $13{,}4^{sec}$ Sternzeit vor. Das Pendel machte also 86 650 Schwingungen in einem mittleren Sonnentag.

Berechnung des Versuches.

Schwingungszahl in einem Tag	Korrektion wegen Schwingungsbogen	Korrigierte Zahlen
43304,94	0,60	43305,54
43305,17	0,15	43305,32
43305,23	0,05	43305,28
43305,25	0,02	43305,27
	Mittel	43305,35

Gemessene Pendellänge . . . . 203 952,00 Teile
Korrektion wegen der Temperatur des Kastens —0,93
203 951,07
Korrektionen wie bei den früheren Versuchen —986,05
Pendellänge 202 965,02

Multipliziert man diese Länge mit dem Quadrat von $\frac{43\,305{,}35}{86\,400}$, so erhält man als Pendellänge in Luft 50 989,05.

Hinzuzufügen wegen des Luftgewichtes	3,01
Zur Reduktion auf den Eispunkt	7,27
Vollständig korrigierte Länge	50999,33

Die Versuche, über die wir bis jetzt berichtet haben, wurden so angestellt, daß die Kugel am gleichen Punkt der Oberfläche aufgehängt war. Bei den folgenden haben wir sie am entgegengesetzten aufgehängt, um Fehler infolge kleiner Unregelmäßigkeiten der Kugelgestalt oder ungleicher Dichtigkeit einzelner Teile aufzuheben.

Siebenter Versuch vom 28. Juni morgens.

Zeiten der Koinzidenzen	Zeiten zwischen den Koinzidenzen	Bogen des Pendels
7^h 57^{min} 48^{sec}		67′
	71^{min} 12^{sec}	
9 9 0		34
	72 40	
10 21 40		19
	72 55	
11 34 35		11
	72 25	
12 47 0		7

Gemessene Länge . . . . 203953,75 Teile
Metallthermometer 185,0

Mittlere Temperatur des Kastens während des Versuches	17,5°
Temperatur am Ende des Versuches	18,1°
Differenz	+ 0,6°

Barometerstand 28 Zoll 2 Linien.

Uhrgang täglich $13{,}2^{sec}$ Sternzeit; infolgedessen machte ihr Pendel täglich 86649,8 Schwingungen.

Berechnung des Versuches.

Schwingungszahl in einem Tag	Korrektion wegen Schwingungsbogen	Korrigierte Zahlen
43304,62	0,55	43305,17
43305,02	0,15	43305,17
43305,09	0,05	43305,14
43304,96	0,02	43304,98
	Mittel	43305,12

Gemessene Länge	203953,75	Teile
Korrektion wegen der Temperatur des Kastens	1,40	
	203952,35	
Korrektion wie bei den früheren Versuchen	986,05	
Pendellänge	202966,30	

Multipliziert man diese Länge mit dem Quadrat von $\frac{43305,12}{86400}$, so erhält man als Pendellänge in Luft 50988,00

Korrektion wegen des Luftgewichtes	3,08
Zur Reduktion auf den Eispunkt	8,03
Vollständig korrigierte Pendellänge	50999,91

Achter Versuch vom 28. Juni abends.

Zeiten der Koinzidenzen	Zeiten zwischen den Koinzidenzen	Bogen des Pendels
3^h 23^{min} 24^{sec}		61′
	71^{min} 10^{sec}	
4 34 34		31½
	71 42	
5 46 16		18
	71 14	
6 57 30		10
	71 44	
8 9 14		6

Gemessene Länge	203954,5	Teile
Metallthermometer	186,5	
Mittlere Temperatur des Pendelkastens während d. Versuches		18,6°
Temperatur am Ende des Versuches.		18,8°
	Differenz	+ 0,2°

Barometerstand 28 Zoll 1,7 Linien.

Uhrgang ebenso wie am Morgen des gleichen Tages.

Berechnung des Versuches.

Schwingungszahl in einem Tag	Korrektion wegen der Bögen	Korrigierte Zahlen
43304,61	0,47	43305,08
43304,76	0,14	43304,90
43304,63	0,04	43304,67
43304,77	0,02	43304,79
	Mittel	43304,86

Gemessene Länge	203 954,50	Teile
Korrektion wegen der Temperatur des Kastens	0,47	
	203 954,03	
Korrektion wie bei den früheren Versuchen	986,05	
	202 967,98	

Multipliziert man diese Länge mit dem Quadrat von $\frac{43\,304{,}86}{86\,400}$, so erhält man als Länge des Sekundenpendels in

Luft	50 988,64
Korrektion wegen des Luftgewichtes	3,06
Korrektion wegen der Reduktion auf den Eispunkt	8,38
Vollständig korrigierte Pendellänge	51 000,08

Neunter Versuch vom 29. Juni morgens.

Zeiten der Koinzidenzen			Zeiten zwischen den Koinzidenzen		Bogen
7^h	58^{min}	32^{sec}			68′
			70^{min}	36^{sec}	
9	9	8			34½
			70	24	
10	20	32			19½
			71	6	
11	31	38			11½
			71	20	
12	42	58			7

Gemessene Länge	203 955,8	Teile
Mittlere Temperatur im Pendelkasten	19,4°	
Temperatur am Ende des Versuches	19,7°	
Differenz	+ 0,3°	

Barometerstand 28 Zoll 0,9 Linien.

Die Uhr geht täglich 13,0^{sec} Sternzeit vor, und ihr Pendel macht infolgedessen 86 649,6 Schwingungen täglich.

Berechnung des Versuches.

Schwingungszahl in einem Tag	Korrektion wegen der Bögen	Korrigierte Zahlen
43304,30	0,57	43304,87
43304,58	0,16	43304,74
43304,49	0,05	43304,54
43304,56	0,02	43304,58
	Mittel	43304,68

Gemessene Länge	203 955,80	Teile
Korrektion wegen der Temperatur des Pendelkastens	0,70	
	203 955,10	
Korrektion wie bei den früheren Versuchen	986,05	
Pendellänge	202 969,05	

Multipliziert man diese Länge mit dem Quadrat von $\frac{43\,304{,}68}{86\,400}$, so erhält man als Länge des Sekundenpendels in

Luft	50 988,48
Korrektion wegen des Gewichtes der Luft . . .	3,06
Zur Reduktion auf den Schmelzpunkt des Eises .	8,57
Vollständig korrigierte Länge des Sekundenpendels	51 000,10

Der Faden des Pendels riß infolge eines Zufalls, als man sich zu einem neuen Versuch anschickte. Man setzte einen neuen Faden ein, der mit der gleichen Sorgfalt wie der erste gewogen wurde, und dessen Gewicht man zu 14,80 Gran fand. Man prüfte auch seine Regelmäßigkeit, indem man ihn in zwei gleiche Teile teilte, die man einzeln wog, und deren Differenz sich sozusagen zu Null ergab. Bevor wir aber über neue Versuche berichten, wollen wir die Resultate der sechs ersten Versuche mit denen der drei letzten vergleichen, bei denen die Kugel an diametral entgegengesetzten Punkten aufgehängt war, um an diesen, wenn erforderlich, die Korrektion anzubringen, von der wir auf Seite 106 gesprochen haben.

Erste Versuchsreihe		Zweite Versuchsreihe (die Kugel am entgegengesetzten Punkte aufgehängt)
1	50 999,75	
2	50 999,11	
3	50 999,44	
4	50 999,91	50 999,91
5	50 999,54	51 000,08
6	50 999,33	51 000,11
Mittel	50 999,35	Mittel 51 000,03

Obwohl die Mittelwerte der beiden Beobachtungsreihen untereinander sich nur um $\frac{1}{75\,000}$ unterscheiden, und man diesen Unterschied zum mindesten teilweise Beobachtungsfehlern zuschreiben kann, so muß man trotzdem annehmen, da die Resultate der zweiten Reihe sehr gut untereinander übereinstimmen, und jedes größer ist als das größte der anderen Reihe, daß der Unterschied der Änderung des Aufhängungspunktes der Kugel zuzuschreiben ist, infolge von Unregelmäßigkeiten ihrer Gestalt oder ungleicher Dichte ihrer einzelnen Teile. Danach korrigieren wir die Resultate so, indem wir denen der ersten Reihe die halbe Differenz der Mittel beider Reihen hinzufügen und von der zweiten Reihe abziehen. Das gibt uns folgende korrigierte Werte:

1	51000,09
2	50999,45
3	50999,78
4	50999,25
5	50999,88
6	50999,67
7	50999,57
8	50999,74
9	50999,77
Mittel	50999,69

Vergleicht man die Resultate untereinander, so findet man, daß das, welches sich von dem Mittel am meisten entfernt, sich von ihm nur um $\frac{1}{116000}$ unterscheidet, dem würde nur $^1/_{263}$ Linie in der Länge des Sekundenpendels entsprechen.

Zehnter Versuch am 3. Juli morgens.

Bei diesem Versuch und in den drei folgenden wurde die Kugel an einem Punkt aufgehängt, der 90° vom ersten entfernt war. Der Radius der Kugel an diesem Punkt ergab sich zu 937 Teilen wie oben.

Die Korrektion für das Gewicht des neuen Fadens, der, wie erwähnt, 14,80 Gran wog, fand man zusammen mit der der Kugelkappe zu 54,55 Teilen.

Zeiten der Koinzidenzen	Zeiten zwischen den Koinzidenzen	Bogen des Pendels
$7^h\ 44^{min}\ 6^{sec}$		$57^1/_2{}'$
	$74^{min}\ 14^{sec}$	
8 58 20		30
	74 10	
10 12 30		17
	75 10	
11 27 40		10
	74 10	
12 41 50		6

Gemessene Länge . . . . 203946,75 Teile
Metallthermometer 185
Mittlere Temperatur im Kasten des Pendels während des Versuches . . . . 18,0°
Temperatur bei der Messung der Länge . . . . . 18,3°
Differenz + 0,3°

Barometerstand 27 Zoll $10^1/_2$ Linie.

Die Uhr ging täglich $13,5^{sec}$ Sternzeit vor. Ihr Pendel macht also täglich 86650,1 Schwingungen.

Berechnung des Versuches.

Schwingungszahl in einem Tag	Korrektion wegen der Bögen	Korrigierte Zahlen
43305,60	0,43	43306,03
43305,58	0,13	43305,71
43305,85	0,04	43305,89
43305,58	0,02	43305,60
	Mittel	43305,81

Gemessene Länge . . . . 203946,75 Teile
Korrektion wegen der Temperatur im Pendelkasten 0,70
203946,05

Korrektion wegen des Gewichtes der Kugel und der Kugelkappe . . . . — 54,55
Radius der Kugel, vermindert um die Entfernung ihres Mittelpunktes vom Schwingungszentrum . . . . —935,27
Verlängerung des Maßstabes infolge des Aufhängens . . . . + 0,30
} 989,52

Pendellänge 202956,53

Multipliziert man diese Länge mit dem Quadrat von $\frac{43305,81}{86400}$, so erhält man die Länge des Sekundenpendels in

Luft zu 50987,88
Korrektion wegen des Luftgewichtes 3,04
Reduktion auf den Eispunkt 8,03
Vollständig korrigierte Pendellänge 50999,05

Elfter Versuch vom 4. Juli.

Zeiten der Koinzidenzen	Zeiten zwischen den Koinzidenzen	Bogen
9^h 28^{min} 18^{sec}		65′
	73^{min} 2^{sec}	
10 41 20		33½
	74 10	
11 55 30		18½
	74 45	
13 10 15		11
	74 15	
14 24 30		6½

Gemessene Länge . . . . 203 947,0 Teile
Metallthermometer 183,5
Mittlere Temperatur im Pendelkasten während des Versuches . . . . 18,2°
Temperatur bei der Pendelmessung . . . . 18,0°
Differenz — 0,2°

Uhrgang täglich 13,5sec Sternzeit wie bei dem früheren Versuch.

Berechnung des Versuches.

Schwingungszahl in einem Tag	Korrektion wegen der Bögen	Korrigierte Zahlen
43305,28	0,53	43305,81
43305,57	0,15	43305,72
43305,73	0,05	43305,78
43305,60	0,02	43305,62
	Mittel	43305,73

Gemessene Länge 203 947,00
Korrektion wegen der Temperatur im Pendelkasten . 0,47
203 947,47
Korrektion wie im vorhergehenden Versuch . . 989,52
Pendellänge 202 957,95

Multipliziert man diese Länge mit dem Quadrat von $\frac{43\,305,73}{86\,400}$, so erhält man die Länge des Sekundenpendels in

Luft zu 50 988,14
Korrektion wegen des Gewichtes der Luft . . . 3,05
Zur Reduktion auf den Eispunkt 7,67

Vollständig korrigierte Pendellänge 50 998,86

Zwölfter Versuch vom 9. Juli morgens.

Zeiten der Koinzidenzen	Zeiten zwischen den Koinzidenzen	Bogen
10^{h} 0^{min} 35^{sec}		59½′
11 12 39	72^{min} 4^{sec}	31
12 24 57	72 18	17
13 37 23	72 26	10
14 48 57	72 34	6

Gemessene Länge . . . . 203 950,2 Teile
Metallthermometer 189,5
Mittlere Temperatur im Kasten des Pendels während des Versuches . . . . 20,0°
Temperatur bei der Messung der Pendellänge . . . 20,3°

Differenz + 0,3°

Barometerstand 27 Zoll 11½ Linien.

Die Uhr geht täglich $13{,}4^{sec}$ Sternzeit vor. Schwingungszahl ihres Pendels also 86 650 täglich.

Berechnung des Versuches.

Schwingungszahl in einem Tag	Korrektion wegen der Bögen	Korrigierte Zahlen
43 304,96	0,45	43 305,41
43 305,03	0,13	43 305,16
43 305,06	0,04	43 305,10
43 304,81	0,02	43 304,83
	Mittel	43 305,12

Gemessene Länge 203 950,20
Korrektion wegen der Temperatur im Pendelkasten 0,70

203 949,50

Korrektion wie in den früheren Versuchen . . . 989,52

Pendellänge 202 959,98

Multipliziert man diese Länge mit dem Quadrat von $\frac{43\,305,12}{86\,400}$, so erhält man die Länge des Sekundenpendels in

Luft zu	50 987,23
Korrektion wegen des Gewichtes der Luft . . .	3,03
Zur Reduktion auf den Eispunkt	9,09
Vollständig korrigierte Länge des Sekundenpendels	50 999,35

Dreizehnter Versuch vom 9. Juli abends.

Zeiten der Koinzidenzen	Zeiten zwischen den Koinzidenzen	Bogen
4^h 23^{min} 18^{sec}		63′
	71^{min} 7^{sec}	
5 34 25		32
	72 5	
6 46 30		18
	72 50	
7 59 20		11
	71 25	
8 10 45		6

Gemessene Länge	203 950,2 Teile
Metallthermometer	190,2
Mittlere Temperatur im Pendelkasten während des Versuches	20,8°
Temperatur während der Messung der Pendellänge . .	20,9°
Differenz	+ 0,1°

Barometerstand 27 Zoll 11 Linien.

Uhrgang wie beim vorigen Versuch.

Berechnung des Versuches.

Schwingungszahl in einem Tag	Korrektion wegen der Bögen	Korrigierte Zahlen
43 304,70	0,51	43 305,21
43 304,97	0,14	43 305,11
43 305,17	0,04	43 305,21
43 304,78	0,02	43 304,80
	Mittel	43 305,08

Gemessene Länge	203 950,20 Teile
Korrektion wegen der Temperatur im Pendelkasten	0,23
	203 949,97
Korrektion wie bei den früheren Versuchen	989,52
Pendellänge	202 960,45

Multipliziert man diese Länge mit dem Quadrat von $\frac{43\,305{,}08}{86\,400}$, so erhält man die Länge des Sekundenpendels in

Luft zu.	50 987,25
Korrektion wegen des Gewichtes der Luft . . .	3,02
Zur Reduktion auf den Eispunkt	9,26
Korrigierte Länge des Sekundenpendels	50 999,53

Vierzehnter Versuch vom 10. Juli morgens.

Zeiten der Koinzidenzen	Zeiten zwischen den Koinzidenzen	Bogen
7^h 45^{min} 8^{sec}		64½′
	71^{min} 37^{sec}	
8 56 45		32½
	72 10	
10 8 55		17½
	73 11	
11 22 6		10
	71 54	
12 34 0		6

Gemessene Länge	203 950,2 Teile
Metallthermometer	191,0
Mittlere Temperatur des Pendelkastens während des Versuches.	20,6°
Temperatur bei der Messung der Pendellänge. . . .	20,9°
Differenz	+ 0,3°

Die Uhr geht täglich $13{,}4^{sec}$ Sternzeit vor. Ihr Pendel macht also 86 650 Schwingungen täglich.

Berechnung des Versuches.

Schwingungszahl in einem Tag	Korrektion wegen der Bögen	Korrigierte Zahlen
43 304,84	0,51	43 305,35
43 305,00	0,14	43 305,14
43 305,27	0,04	43 305,31
43 304,92	0,02	43 304,94
	Mittel	43 305,18

Gemessene Länge	203 950,20 Teile
Korrektion wegen der Temperatur des Pendelkastens	0,70
	203 949,50
Korrektion wie bei den früheren Versuchen	989,52
Pendellänge	202 959,98

Multipliziert man diese Länge mit dem Quadrat von $\frac{43\,305{,}18}{86\,400}$, so erhält man die Länge des Sekundenpendels in

Luft zu	50 987,37
Korrektion wegen des Gewichtes der Luft . . .	3,00
Zur Reduktion auf den Eispunkt	9,44
Vollständig korrigierte Pendellänge	50 999,83

Fünfzehnter Versuch vom 10. Juli abends.

Zeiten der Koinzidenzen	Zeiten zwischen den Koinzidenzen	Bogen
4^h 14^{min} 18^{sec}		61′
	71^{min} 2^{sec}	
5 25 20		31½
	72 0	
6 37 20		17
	72 25	
7 49 45		10
	72 43	
9 12 28		6

Gemessene Länge	203 950,0 Teile
Metallthermometer	190,0

Mittlere Temperatur des Pendelkastens während des Versuches . . . . 21°
Temperatur bei der Messung der Pendellänge . . . . 21°
Barometerstand 27 Zoll 10,9 Linien.

Die Uhr geht täglich $13{,}4^{sec}$ Sternzeit vor.

Berechnung des Versuches.

Schwingungszahl in einem Tag	Korrektion wegen der Bögen	Korrigierte Zahlen
43 304,68	0,47	43 305,15
43 304,95	0,13	43 305,08
43 305,06	0,04	43 305,10
43 305,14	0,02	43 305,16
	Mittel	43 305,12

Gemessene Länge . . . . 203 950,00 Teile
Korrektion wie bei den früheren Versuchen 989,52
Pendellänge 202 960,48

Multipliziert man diese Länge mit dem Quadrat von $\frac{43\,305{,}12}{86\,400}$, so erhält man die Länge des Sekundenpendels in
Luft zu 50 987,36
Korrektion wegen des Gewichtes der Luft . . . 3,01
Zur Reduktion auf den Eispunkt 9,21
Vollständig korrigierte Pendellänge 50 999,58

Sechzehnter Versuch vom 11. Juli morgens.

Zeiten der Koinzidenzen	Zeiten zwischen den Koinzidenzen	Bogen
9h 58min 2sec		62′
	70min 57sec	
11 8 59		31½
	72 1	
12 21 0		17
	72 40	
13 33 40		10
	72 10	
14 45 50		6

Gemessene Länge . . . . 203 950,7 Teile
Metallthermometer 191,75
Mittlere Temperatur des Pendelkastens während des Versuches. . . . . 21,0°
Temperatur bei der Messung der Pendellänge . . . 21,6°
Differenz 0,6°

Barometerstand 27 Zoll 9½ Linien.

Die Uhr geht täglich 13,4sec Sternzeit vor.

Berechnung des Versuches:

Schwingungszahl in einem Tag	Korrektion wegen der Bögen	Korrigierte Zahlen
43 304,64	0,49	43 305,13
43 304,95	0,13	43 305,08
43 305,12	0.04	43 305,16
43 305,00	0,02	43 305,02
	Mittel	43 305,10

Gemessene Länge	203 950,70	Teile
Korrektion wegen der Temperatur des Pendelkastens	1,40	
	203 949,30	
Korrektionen wie bei den früheren Versuchen	989,52	
	202 959,78	

Multipliziert man diese Länge mit dem Quadrat vom $\frac{43\,305{,}10}{86\,400}$, so erhält man die

Länge des Sekundenpendels in Luft zu .	50 987,13
Korrektion wegen des Gewichtes der Luft	2,99
Zur Reduktion auf den Eispunkt . . .	9,62
Vollständig korrigierte Länge des Sekundenpendels	50 999,74

Siebzehnter Versuch vom 11. Juli abends.

Zeiten der Koinzidenzen	Zeiten zwischen den Koinzidenzen	Bogen
2^h 19^{min} 23^{sec}		63′
	70^{min} 30^{sec}	
3 29 53		32
	71 50	
4 41 43		17½
	71 45	
5 53 28		10
	71 44	
7 5 12		6

Gemessene Länge	203 951,7	Teile
Metallthermometer	192,0	

Mittlere Temperatur im Pendelkasten während des Versuches	21,6°
Temperatur bei der Messung der Pendellänge . . .	21,6°

Barometerstand 27 Zoll 8 Linien.

Die Uhr geht täglich 13,4^{sec} Sternzeit vor.

Berechnung des Versuches.

Schwingungszahl in einem Tag	Korrektion wegen der Bögen	Korrigierte Zahlen
43 304,52	0,51	43 305,03
43 304,90	0,14	43 305,04
43 304,80	0,04	43 304,92
43 304,87	0,02	43 304,89
	Mittel	43 304,97

Gemessene Länge	203 951,70 Teile
Korrektion wie bei den früheren Versuchen	989,52
Pendellänge	202 962,18

Multipliziert man diese Länge mit dem Quadrat von $\frac{43304,97}{86\,400}$, so erhält man die

Länge des Sekundenpendels in Luft zu	50 987,44
Korrektion wegen des Gewichtes der Luft	2,97
Zur Reduktion auf den Eispunkt . . .	9,68
Vollständig korrigierte Länge des Sekundenpendels	51 000,09

In den drei folgenden Versuchen, die die letzten sein sollen, haben wir einen neuen Faden verwendet, der nur 10,41 Gran wog. Wir haben ihm eine etwas größere Länge gegeben, als früher, damit die Zeiten zwischen den Koinzidenzen kürzer würden. Der Aufhängungspunkt war der gleiche wie bei den Versuchen 10, 11, 12 und 13.

Achtzehnter Versuch vom 28. Juli.

Zeiten der Koinzidenzen	Zeiten zwischen den Koinzidenzen	Bogen
2^h 30^{min} 30^{sec}		55½′
	52^{min} 19^{sec}	
3 22 49		35
	52 16	
4 15 5		23
	52 26	
5 7 31		16
	52 26	
5 59 57		10½
	52 30	
6 52 27		7½
	52 48	
7 45 15		5

Gemessene Länge	204 008,70 Teile	
Metallthermometer	183,8	
Mittlere Temperatur im Pendelkasten während des Versuches		18,2°
Temperatur bei der Messung der Pendellänge . . .		18,2°

Barometerstand 28 Zoll 2 Linien.

Die Uhr geht täglich 13,6^{sec} Sternzeit vor, ihr Pendel macht also täglich 86 650,2 Schwingungen.

Berechnung des Versuches.

Schwingungszahl in einem Tag	Korrektion wegen der Bögen	Korrigierte Zahlen
43 297,50	0,45	43 297,95
43 297,48	0,19	43 297,67
43 297,56	0,09	43 297,65
43 297,56	0,04	43 297,60
43 297,60	0,02	43 297,62
43 297,75	0,01	43 297,76
	Mittel	43 297,71

Pendellänge		204 008,70 Teile
Korrektion wegen des Gewichtes des Fadens und der Kugelkappe nach dem Gewicht des neuen Fadens von 10,41 Gran berechnet	39,50	
Radius der Kugel vermindert um den Abstand ihres Zentrums vom Schwingungsmittelpunkt	935,27	974,47
Verlängerung des Maßstabes infolge des Aufhängens.	— 0,30	
Pendellänge		203 034,23

Multipliziert man diese Länge mit dem Quadrat von $\frac{43\,297,71}{86\,400}$, so erhält man die

Länge des Sekundenpendels in Luft zu .	50 988,43
Korrektion wegen des Gewichtes der Luft	3,08
Zur Reduktion auf den Eispunkt . . .	7,74
Vollständig korrigierte Pendellänge	50 999,25

Neunzehnter Versuch vom 31. Juli.

Zeiten der Koinzidenzen	Zeiten zwischen den Koinzidenzen	Bogen
11^h 35^{min} 34^{sec}		79′
	51^{min} 16^{sec}	
12 26 50		47
	52 36	
13 19 26		30
	52 38	
14 12 4		20
	52 34	
15 4 38		14
	52 20	
15 56 58		9½
	52 30	
16 49 28		6½

Gemessene Länge	204 008,50	Teile
Metallthermometer	183,0	

Mittlere Temperatur im Pendelkasten während des Versuches	17,1°
Temperatur bei der Messung des Pendellänge . . .	17,4°
Differenz	0,3°

Die Uhr geht täglich 13,7^{sec} Sternzeit vor. Schwingungszahl ihres Pendels täglich also 86 650,3.

Berechnung des Versuches.

Schwingungszahl in einem Tag	Korrektion wegen der Bögen	Korrigierte Zahlen
43 296,99	0,85	43 297,84
43 297,70	0,33	43 298,03
43 297,72	0,14	43 297,86
43 297,68	0,06	43 297,74
43 297,55	0,03	43 297,58
43 297,64	0,02	43 297,66
	Mittel	43 297,78

Gemessene Länge	204 008,50	Teile
Korrektion wegen der Temperatur im Pendelkasten	0,70	
	204 007,80	
Korrektion wie bei den früheren Versuchen	974,47	
Pendellänge	203 033,33	

Multipliziert man diese Länge mit dem Quadrat von $\frac{43\,297,78}{86\,400}$, so erhält man die

Länge des Sekundenpendels in Luft zu .	50 988,35
Korrektion wegen des Gewichtes der Luft	3,10
Reduktion auf den Eispunkt	7,56
Vollständig korrigierte Pendellänge	50 999,01

Zwanzigster Versuch vom 4. August.

Zeiten der Koinzidenzen	Zeiten zwischen den Koinzidenzen	Bogen
11^h 23^{min} 42^{sec}		110′
	48^{min} 10^{sec}	
12 11 52		64½
	50 46	
13 2 38		40
	50 48	
13 53 26		26
	50 54	
14 40 20		18
	50 58	
15 35 18		12
	50 40	
16 25 58		8½

Gemessene Länge . . . . 204013,15 Teile
Metallthermometer 192,0
Mittlere Temperatur im Pendelkasten während des Versuches . . . . 21,6°
Temperatur bei der Messung der Pendellänge . . . 21,1°
Differenz 0,5°

Barometerstand 27 Zoll 11 Linien.

Die Uhr geht täglich $13{,}2^{sec}$ Sternzeit vor. Schwingungszahl ihres Pendels also täglich 80649,8.

Berechnung des Versuches.

Schwingungszahl in einem Tag	Korrektion wegen der Bögen	Korrigierte Zahlen
43294,92	1,71	43296,63
43296,45	0,60	43297,05
43296,47	0,24	43296,71
43296,53	0,11	43296,64
43296,57	0,05	43296,62
43296,40	0,02	43296,62
	Mittel	43296,68

Die Amplitude des Bogens in dem Intervall zwischen den ersten Koinzidenzen war 110′, man könnte also hierauf die Korrektion wegen der Dehnbarkeit des Fadens, die wir auf

Seite 114 erwähnt haben, anwenden. Man erhält aber nur einen Unterschied von 0,02 Teilen, und da dieser für die folgenden Intervalle noch viel kleiner wird, haben wir ihn nicht berücksichtigt.

Gemessene Länge	204013,50 Teile
Korrektion wegen der Temperatur im Pendelkasten	1,17
	204012,33
Korrektion wie bei den früheren Versuchen	974,47
Pendellänge	203037,86

Multipliziert man diese Länge mit dem Quadrat von $\frac{43296{,}68}{86400}$, so erhält man die

Länge des Sekundenpendels in Luft zu .	50986,92
Korrektion wegen des Luftgewichtes . .	3,02
Zur Reduktion auf den Eispunkt . . .	9,68
Vollständig korrigierte Pendellänge	50999,62

Wir wollen jetzt an diesen letzten Versuchen die Korrektionen wegen den Ungleichmäßigkeiten der Kugel anbringen, wie wir es auf Seite 131 mit den beiden ersten Reihen getan haben. Wir wollen die dritte und fünfte Reihe zusammenfassen, da bei diesen die Kugel am gleichen Punkt aufgehängt war, und wollen diese mit der vierten vergleichen, bei der die Kugel am diametral entgegengesetzten Punkt hing.

Ergebnisse der dritten und fünften Reihe		Ergebnisse der vierten Reihe	
Dritte Reihe	50999,05	Vierte Reihe	50999,83
	50999,86		50999,58
	50999,35		50999,74
	50999,53		50999,09
Fünfte Reihe	50999,25	Mittel	50999,81
	50999,01		
	50999,62		
Mittel	50999,24		

Die beiden mittleren Ergebnisse unterscheiden sich um 0,57 Teile, die Hälfte dieses Unterschiedes, d. h. 0,28 Teile kann als Korrektion wegen der Ungleichmäßigkeiten der Kugel angesehen werden; man wird diesen Betrag also den Resultaten der Versuche der dritten und fünften Reihe hinzufügen, und ihn von denen der vierten Reihe abziehen. Das ergibt folgendes:

Korrigierte Längen

Dritte Reihe	50999,33
	50999,14
	50999,63
	50999,81
Vierte Reihe	50999,55
	50999,30
	50999,46
	50999,81
Fünfte Reihe	50999,53
	50999,29
	50999,90
Mittel	50999,52

Wenn man jedes dieser Resultate mit dem Mittel vergleicht, so findet man als größten Unterschied nur $^1/_{134000}$; eine Zahl, die nur $^1/_{300}$ Linie auf die berechnete Länge des Sekundenpendels ausmacht. Und wenn man den Mittelwert mit dem aus den neun ersten Versuchen gefundenen vergleicht, so findet man nur $^1/_{300000}$ Unterschied.

Aus diesen Vergleichen findet man, daß unsere 20 Versuche ganz vorzüglich zusammenstimmen. Wir glaubten danach, daß es überflüssig ist, sie noch zu vermehren, und nehmen an, daß ihr Schlußresultat die Länge des Sekundenpendels mit großer Genauigkeit liefern wird.

Wir haben unsere Versuche in folgender Tabelle zusammengestellt, in der die erste und zweite Kolonne den Thermometerstand und die Dauer des Versuches enthalten, die dritte die korrigierte Pendellänge, und die vierte die Unterschiede jedes einzelnen Wertes und des Mittels.

Prüft man die Differenzen zwischen jedem Resultat und dem Mittelwert, wie sie in die vierte Kolonne eingetragen sind, so findet man, daß die größte nur $^1/_{104000}$ etwa des Gesamtwerts erreicht. Daraus kann man schließen, daß der Mittelwert der wahren Länge des Sekundenpendels viel näher kommt. Wir setzen daher die Länge des Sekundenpendels in Paris zu 50999,60 Teilen unseres Maßstabes, von denen jeder $^1/_{200000}$ seiner Gesamtlänge ist, an.

Zusammenstellung der zwanzig Versuche.

	Dauer des Versuches	Thermometerstand	Pendellänge	Unterschied gegen das Mittel
Erste Reihe.	4^h 53^{min}	16,1°	51 000,09 Teile	+ 0,49 Teile
	3 36	16,6	50 999,45	− 0,15
	4 48	17,3	50 999,78	+ 0,18
	3 33	18,0	50 999,25	− 0,35
	4 53	16,4	50 999,88	+ 0,28
	4 51	16,0	50 999,67	+ 0,07
Zweite Reihe. Kugel an einem dem ersten diametral entgegengesetzten Punkt aufgehängt.	4 49	17,5	50 999,57	− 0,03
	4 46	18,6	50 999,74	+ 0,14
	4 44	19,4	50 999,77	+ 0,17
Dritte Reihe. Kugel an einem 90° von dem ersten entfernten Punkt aufgehängt.	4 48	18,0	50 999,33	− 0,27
	4 56	18,2	50 999,14	− 0,46
	4 48	20,0	50 999,63	+ 0,03
	4 47	20,8	50 999,81	+ 0,21
Vierte Reihe. Kugel an einem dem vorherigen diametral entgegengesetzten Punkt aufgehängt.	4 49	20,6	50 999,55	− 0,05
	4 46	21,0	50 999,30	− 0,30
	4 48	21,0	50 999,46	− 0,14
	4 46	21,6	50 999,81	+ 0,21
Fünfte Reihe. Aufhängungspunkt der gleiche wie in der dritten Reihe.	5 14	18,2	50 999,53	− 0,07
	5 14	17,1	50 999,29	− 0,31
	5 2	21,6	50 999,90	+ 0,30
		Mittelwert	50 999,60	

Es bleibt jetzt nur noch die Beziehung zwischen unserem Maßstab und dem, welcher zur Feststellung der Länge des Erdmeridians diente, zu bestimmen, um dann, wenn die Länge dieses Meridians genügend bekannt ist, die Pendellänge in Teilen der Meridianlänge auszudrücken.

Dieses Verhältnis ist schon in dem Bericht über die vier Platinmaßstäbe, die zur Messung der Grundlinien des Erdmeridians dienten, aufgestellt worden. Der mit Nr. 1 bezeichnete Maßstab, auf den man die anderen bezogen hat, war sorgfältig mit dem Maßstab für die Pendellänge verglichen worden. Die Vergleichung war in Wasser, das auf die Temperatur des schmelzenden Eises gebracht worden war, ausgeführt und man hatte gefunden, daß 204000 Teile des Pendelmaßstabes 203995,1 Teilen des Maßes Nr. 1 entsprachen; daraus folgt, daß 50999,6 Teile jenes Maßstabes, die die Länge des Sekundenpendels ausmachen, gleich 50998,38 Teile dieses Maßes sind, und da diese Teile Zweihunderttausendstel sind, so folgt daraus, daß die Pendellänge gleich 0,2549919 der Länge des Maßes Nr. 1 bei der Temperatur des schmelzenden Eises sind.

Wir können noch, entsprechend den Vergleichungen, wie sie in dem Bericht über Messung der Grundlinien enthalten sind, die Länge des Sekundenpendels in Teilen der Toise ausdrücken, die zur Bestimmung der Gradlänge des Meridians gedient hat, der Frankreich durchquert. Es scheint, als ob die Gelehrten, die diese Arbeit ausgeführt haben, ihre Messung auf diese Toise bei der Temperatur vor 13° des Réaumurthermometers bezogen haben. In diesem Bericht findet man nun, daß die Länge dieser Toise bei der Temperatur von 13° sich zu der Länge des Maßes Nr. 1 bei dem Schmelzpunkt des Eises wie 100015,15 zu 200000 verhält. Multipliziert man hiernach $\frac{200\,000}{100\,015,15}$ mit der oben gefundenen Zahl 0,2549919, und multipliziert man noch das Resultat mit 864 (der Anzahl der Linien in einer Toise), so findet man, daß die Länge des Sekundenpendels gleich 440,5593 Linien ist[14]).

Bericht über die Messung des Meridianbogens zwischen den Breitenkreisen von Dünkirchen und Barcelona und über die Länge des hieraus abgeleiteten Meters.

Der Kommission für Maß und Gewicht am 11. Floréal des Jahres 7 erstattet.

Wir haben Euch der Reihe nach in den drei vorhergehenden Sitzungen die Resultate der von den Bürgern *Méchain* und *Delambre* ausgeführten Messungen vorgelegt, sowohl die der Dreiecksmessungen, die für die französische Meridianmessung dienen, als auch die Breitenbestimmungen von Dünkirchen, Paris, Evaux, Carcassonne und Montjoui, und auch die Azimute, die die Dreiecksseiten mit dem Meridian in Montjoui, Carcassonne, Bourges und Watten bilden; ebenso haben wir Euch die Längen der bei Melun und Perpignan gemessenen Grundlinien mitgeteilt. Wir wollen Euch heute über den Rest unserer Arbeiten Bericht erstatten und Euch das endgültige Resultat aller Operationen vorlegen.

Vier von uns haben sich speziell mit der Berechnung der Dreiecke befaßt, unter Verwendung der Winkel, die wir Euch in einer Zusammenstellung mitgeteilt haben, und die, wie wir erwähnt haben, das reine unverfälschte Ergebnis der nach ihrem tatsächlichen Wert und ihren Begleitumständen diskutierten Beobachtungen darstellen. Jeder der Rechner hat seine Rechnungen gesondert durchgeführt, sie haben verschiedene Logarithmentafeln und verschiedene Methoden verwendet. Wir haben dann die Rechnungen verglichen, und sie stimmen so, wie man es nur wünschen kann, zusammen. Ihr könnt Euch selbst in einem Augenblick an den Resultaten davon überzeugen, die wir Euch vorzulegen die Ehre haben.

Die Rechner haben die Grundlinie von Melun verwendet;

Ihr wißt, daß diese, wie die von Perpignan, mittels vier Maßstäben gemessen ist, die alle genauestens untereinander und mit dem ersten, welcher der Modul, auf den alles bezogen wird, verglichen sind. Man hat darauf diesen Modul mit der Toise von Peru verglichen, und diese Vergleichung wurde von neuem durch die zu diesem Zwecke von Euch ernannte Spezialkommission wiederholt, die Euch auch in kurzem über ihre Arbeit berichten wird. Es mag genügen zu bemerken, daß dieser Modul genau der doppelten Toise entspricht, daß infolgedessen der Ausdruck Modul eine bekannte Größe darstellt, und daß »halber Modul« und »Toise« Synonyme sind.

Wir haben in unserm ersten Bericht erwähnt, und haben in der Zusammenstellung, die wir Euch damals überreichten, bemerkt, daß die Grundlinie von Melun, als Sehne betrachtet und auf Meereshöhe und 13 Grad des achtzigteiligen Thermometers reduziert, eine Länge von 6075 halben Moduln und 921 Tausendsteln hat. Aber der Bürger *Delambre* hat uns danach benachrichtigt, daß er bei erneutem Durchsehen seiner Rechnungen und bei einer mit der größten Sorgfalt angestellten Prüfung gefunden hat, daß sich bei der Addition der einzelnen Teile, die die Reduktion auf die Horizontale darstellen, ein Fehler eingeschlichen habe, und daß diese Grundlinie nur 6075 halbe Moduln und 90 Hundertstel enthalte. Wir haben alle unsere Berechnungen auf die so korrigierte Grundlinie reduziert, und wir machen diese Bemerkung, weil unser Plan war, Euch die Mittel zu liefern, indem wir Euch Abschriften der Zusammenstellung der Dreiecke gaben, selbst solche Rechnungen, wie Ihr wollt, anzustellen, unter Verwendung der gleichen Beobachtungsdaten, die wir verwenden zu müssen glaubten. Uns liegt nichts mehr am Herzen, als durch unsere Kollegen alle Teile unserer Arbeit prüfen zu lassen. Es mag genügen, hinzuzufügen, daß zur Reduktion der Berechnungen mit der zuerst von uns mitgeteilten Grundlinie auf die korrigierte Grundlinie, die wir soeben erwähnt haben, aber beide in Bogen umgerechnet, jede berechnete Seite um ziemlich genau 35 Zehnmillionstel zu verringern ist.

Die Kontrollbasis, die nahe bei Perpignan gemessen wurde, ist mit der von Melun durch eine Kette von dreiundfünfzig Dreiecken verbunden, man kann ihre Länge also rechnerisch feststellen und diese so berechnete Länge mit der tatsächlich gemessenen vergleichen. Diese Kontrolle haben wir selbstverständlich ausgeführt. Folgendes ist das Resultat:

Grundlinie von Perpignan, mittels einer Kette von dreiundfünfzig Dreiecken aus der von Melun in Bogenwert umgerechnet, berechnet	6006,089	halbe	Moduln
Grundlinie von Perpignan in Bogenwert umgerechnet, gemessen	6006,249	»	»
Differenz	0,160	»	»

Das entspricht, in altes Maß umgerechnet, 11 und $^{52}/_{100}$ Zoll, d. h. weniger als $^{1}/_{37000}$ des ganzen Betrages, obwohl die beiden Grundlinien um 33000 halbe Moduln voneinander entfernt waren.

Dieser Unterschied, der im ersten Augenblick überraschen könnte, ist durchaus nicht auf eine tatsächliche Unvollkommenheit oder auf irgend einen Fehler in der Messung zurückzuführen. Wir kennen alle Vorsichtsmaßregeln, die der Beobachter ergriffen hat, eingehend. Sie sind in seinen Protokollen mit den geringsten Einzelheiten aufgezeichnet. Wir besitzen auch den direkten Beweis dafür, da die Differenz zwischen dem Teile, den man an einem Tage gemessen hatte, und der 140 halbe Moduln betrug, der aber wegen der Heftigkeit des Windes, der damals wehte, verdächtig war, und infolgedessen eine Nachprüfung erforderte, und dem gleichen Teile, der am folgenden Tage unter günstigeren Umständen von neuem gemessen wurde, nur ein Millimeter betrug, was weniger als $^{1}/_{269\,000}$ der Messung dieses Tages ist. Daher sind wir im innersten davon überzeugt, daß, wenn man eine zweite Messung von jeder dieser Grundlinien ausgeführt hätte, man zwischen dieser und der ersten nur sehr geringe Unterschiede gefunden hätte, und wir sind weit davon entfernt, Euch eine Wiederholung der Messung dieser Grundlinien vorzuschlagen. Wir halten eine solche Arbeit für völlig nutzlos.

Es genügt tatsächlich, Arbeiten dieser Art zu kennen, um davon überzeugt zu sein, daß der Unterschied zwischen dem Resultat der Berechnung der Grundlinie und ihrer tatsächlichen Messung allein von kleinen unvermeidlichen Fehlern in jedem Dreiecke herrührt, und die in einer so ausgedehnten Dreieckskette wie dieser sich zum großen Teil aufheben oder anhäufen können; und nichts wäre leichter gewesen, als beide Grundlinien so genau, wie man es nur gewollt hätte, in Übereinstimmung zu bringen, wenn man an den Winkeln von drei oder vier Dreiecken kleine Korrektionen anbrächte, Korrektionen innerhalb der Fehlergrenzen, die die besten Beobachtungen erreichen. Aber wir glaubten, uns jede derartige Korrektion dieser Art versagen zu müssen, und es sei uns gestattet, zu bemerken, daß wir Euch die Zusammenstellung der Mittel, so wie wir sie aus den Beobachtungen ableiten zu müssen glaubten, übergeben haben, bevor wir unsere Berechnungen angestellt hatten. Dadurch haben wir uns freiwillig in die Unmöglichkeit versetzt, irgendeine Abänderung ohne Eure Zustimmung anzubringen, und dadurch haben wir unserer Arbeit einen Grad von Zuverlässigkeit gegeben, der vielleicht den bisher veröffentlichten Arbeiten dieser Art fehlt.

Wir wollen endlich bemerken, daß bei den Messungen in Peru, um nicht die zu erwähnen, die früher in Frankreich ausgeführt sind, die beiden Grundlinien von Yarouqui und Tarqui beide doppelt gemessen sind; daß der Unterschied der beiden Messungen für jede nur zwei bis drei Zoll betrug, und daß aber die Basis von Tarqui, aus der von Yarouqui mittels einer Kette von nur zweiunddreißig Dreiecken berechnet, von der tatsächlichen Messung um 2 bis 3 Fuß abweicht, nach *Bouguer*, und um eine ganze Toise nach den Berechnungen von *Lacondamine*, und das, trotzdem die beiden Grundlinien nur achtzig Meilen voneinander entfernt sind. So viel ist sicher, daß diese Unterschiede nicht von tatsächlichen Fehlern in der Messung der Grundlinien herrühren, sondern, wie einige Zeilen vorher erwähnt ist, von einer denkbaren Anhäufung von Fehlern, die bei Dreiecksmessungen unvermeidlich sind. *Lacondamine* bemerkte mit Recht: »Wenn die Berechnung vollkommen mit der Messung der zweiten Grundlinie übereinstimmen würde, so ist alles, was man mit Recht daraus schließen könnte, das, daß die Fehler sich wahrscheinlich kompensiert hätten. Nach einer Kette von zweiunddreißig Dreiecken, die sich über eine Entfernung von 80 Meilen erstrecken, ist eine einzige Toise Unterschied in der letzten Seite vielleicht mehr dazu angetan, als Beweis für die Genauigkeit der Messung zu dienen, als eine Veranlassung zu Zweifeln an ihrer Richtigkeit zu geben.« Mit wieviel mehr Grund kann man diese Bemerkung wohl anwenden, wenn es sich um weniger als einen Fuß Unterschied handelt, bei einer Kette von dreiundfünfzig Dreiecken und einer Entfernung von 160 Meilen!

Wenn man übrigens die Grundlinie von Perpignan an Stelle von der von Melun verwendet, würde sich jede berechnete

Seite, jedes Intervall auf dem Meridian und der ganze Meridian um $^{266}/_{10000000}$ vergrößern, was nur 15 halbe Moduln auf dem ganzen Bogen von Dünkirchen bis Montjoui entspräche, der fast 552000 umfaßt; und wenn man das Mittel zwischen Berechnung und Beobachtung nimmt, würde der Unterschied auf die ganze Meridianlänge nur 7 halbe Moduln betragen.

Welche Bedeutung dieser Unterschied hat, könnt Ihr aus diesen Bemerkungen entnehmen. Wir lassen ihn in vollem Umfang bestehen, ohne einen Versuch zu machen, ihn zu verringern, und es bleibt uns noch übrig, Euch von dem Gebrauch, den wir von diesen Grundlinien gemacht haben, zu berichten.

Es gab drei Wege: der erste, eine Grundlinie mit Ausschluß der anderen zu verwenden, der zweite, den Unterschied, den wir erwähnt haben, auf die Grundlinie, wenn man will entsprechend ihre Länge, zu verteilen, der dritte, die Grundlinie von Melun zur Berechnung des nördlichen Teiles des Meridians zu verwenden, und die von Perpignan für den südlichen Teil. Diesen Weg haben wir befolgen zu müssen geglaubt, aus folgenden Gründen*):

Da beide Grundlinien mit gleicher Sorgfalt und gleicher Genauigkeit gemessen sind, so ist es unmöglich, die eine vor der anderen auch nur im geringsten zu bevorzugen[15]. Und eine davon gewissermaßen auf gut Glück hin annehmen, hieße ohne Überlegung und vollkommen willkürlich handeln. Der zweite Weg ist viel einleuchtender und erscheint auf den ersten Blick ganz natürlich. Aber man muß hierbei die Basis von Melun um mehr als $^{8}/_{100}$ eines halben Moduls vergrößern, und die von Perpignan um etwas weniger verkleinern, obwohl man davon überzeugt ist, daß sie beide nicht um diese Beträge falsch gemessen sind, weder zu kurz, noch zu lang, und die Seiten aller Dreiecke erfahren eine proportionale Änderung; folgt man statt dessen dem dritten Weg, so läßt man die Grundlinien unverändert, und die Seiten jedes Dreiecks sind mit keiner anderen Unsicherheit behaftet als der, die durch kleine Fehler bedingt wird, welche bei der Messung

*) Man hat Band II, Seite 704 die Gründe gehört, die mich veranlaßt haben, einen vierten Weg, der mir noch mehr ein Mittelweg schien, einzuschlagen, und der größere Übereinstimmung in die beiden Teile des Meridians gebracht hat, ohne den ganzen Bogen zu ändern. *Delambre.*

übrig bleiben. Verwendet man endlich die Grundlinien von Melun für die Strecke von Dünkirchen bis Evaux, und die von Perpignan von Evaux bis Montjoui, so teilt man die Länge des Meridians in zwei angenähert gleiche Teile, verhindert eine weitere Häufung kleiner Fehler und hält sich genauer an das, was die Messungen sofort gaben.

Es sei noch bemerkt, daß das Resultat ungefähr das gleiche ist, zwar nicht für die einzelnen Teile des Meridians, aber doch für den ganzen Bogen, wenn man den südlichen Teil von Evaux bis Montjoui aus der Grundlinie von Perpignan berechnet, und den nördlichen Teil von Dünkirchen bis Evaux aus der Grundlinie von Melun; oder wenn man den ganzen Bogen aus der nach dem Unterschied zwischen Berechnung und Messung bei der Basis von Perpignan korrigierten Grundlinie von Melun berechnet, da Evaux ungefähr in der Mitte des Bogens liegt.

Von den Grundlinien wollen wir zur Berechnung der Teile des Meridians übergehen. Diese Berechnungen sind durch vier Rechner angestellt, deren Resultate für die einzelnen Teile des Meridians, von denen wir einen Augenblick sprechen wollen, und auch für den ganzen Bogen auf einige Zehntel des Moduls etwa übereinstimmen, trotzdem verschiedene Methoden angewendet wurden.

Die Bestimmung des Meridians hängt nicht nur von der Größe der Dreiecksseiten, sondern auch noch von ihren Richtungen zum Meridian ab. Genau genommen würde es genügen, das Azimut einer einzigen Seite zu kennen, um den Rest berechnen zu können. Aber die Bürger *Delambre* und *Méchain* haben mehr als eines beobachtet, und sie haben auf diese schwierige Messungen die größte Sorgfalt verwendet. Man muß in ihren Beobachtungsprotokollen die Einzelheiten ihrer vielfachen Beobachtungen und die Vorsichtsmaßregeln, die sie ergriffen haben, nachlesen. Der Bürger *Delambre* hat in Watten das Azimut von Dünkirchen beobachtet, eine entsprechende Messung in Bourges gemacht, und der Bürger *Méchain* ebenso in Carcassonne und Montjoui*).

Man kann also, wenn man z. B. von dem beobachteten Azimut von Watten ausgeht, die von Bourges, Carcassonne

*) Seit diesem Berichte habe ich noch viel zahlreichere Messungen des Azimuts vom Pantheon von meinem Observatorium in der Rue de Paradis aus gemacht. Vergl. Band II, Seite 72 u. folg. *Delambre*.

und Montjoui berechnen und sie mit den durch die Messungen selbst gelieferten vergleichen. Die Rechner haben dieses ausgeführt und gefunden, daß die berechneten Azimute alle, aber ungleich viel an den verschiedenen Orten, von den gemessenen Azimuten abweichen; Unterschiede, die durchaus nicht auf Beobachtungsfehlern beruhen, sondern die, weil sie vielfache, genauere und zuverlässige Beobachtungen als Grundlage haben, wie sie nur die Bürger *Méchain* und *Delàmbre* anstellen können, infolge ihrer Größe und ihres Ganges eigenartige und interessante Resultate liefern, die in den Händen von geschickten Mathematikern genaueren Aufschluß über die Gestalt der Erde und den Einfluß von lokalen Ursachen und Unregelmäßigkeiten im Erdinneren auf derartige Beobachtungen geben würden. Weil man, um es nebenher zu bemerken, voraussah, daß genaue Azimutbeobachtungen dazu dienen können, unsere Kenntnis über derartige interessante Dinge zu vervollständigen, und, wenn sie von den berechneten Azimutwerten abweichen, wichtige Resultate ergeben, haben auch die, welche mit ihrem Rat die Arbeiten unterstützt haben in Übereinstimmung mit den Beobachtern diese verpflichtet, Azimutbeobachtungen nicht nur an den Enden des Meridians zu machen, sondern auch an Zwischenpunkten. Die Bürger *Méchain* und *Delambre* haben diesen Wunsch der Gelehrten erfüllt, wie auch alle die, welche im Verlauf der Arbeiten für die Wissenschaft nützlich sein konnten; sie haben ihn mit der Sorgfalt erfüllt, die man von ihrem Eifer und ihrer Tatkraft erwarten konnte, und mit der Genauigkeit, die ihre Arbeiten charakterisiert.

Wie eigenartig und interessant auch immer die Azimutmessungen an sich selbst und in den Folgerungen, die man daraus zieht, sein mögen, oder vielmehr welches auch immer die Unterschiede sind, die wir soeben erwähnt haben, sie haben nur sehr wenig Einfluß auf die Länge des Meridians, der den Hauptgegenstand unserer Arbeit bildet. Wenn es nötig wäre, ein Wort dem Beweise hinzuzufügen, den der Bürger *Delambre* in seiner Abhandlung geliefert hat, so brauchen wir nur zu erwähnen, daß zwei der Rechner dauernd nur der in Watten beobachtete Azimut in ihren Rechnungen benutzt haben, ohne auf die beiden anderen Rücksicht zu nehmen; daß ein dritter das gleiche nur bis Evaux verwendet hat, und von Evaux bis Montjoui das von Carcassonne, und der vierte entsprechend aber bis Carcassonne allein, und für den Teil von Carcassonne bis Montjoui das Azimut von Carcassonne verbessert um die Hälfte des Unterschiedes der zwischen der Beobachtung in Montjoui und der Berechnung besteht; diese vier Resultate haben sich auf die ganze Länge des Meridians um nur zwei halbe Moduln und drei Zehntel unterschieden, was nur $^1/_{240\,000}$ der ganzen Länge ausmacht.

Wir selbst haben geglaubt, nachdem wir diesen Punkt reiflich diskutiert haben, uns soviel wie möglich an die Beobachtungen halten zu müssen, und infolgedessen folgende fünf Resultate aufgestellt, die wir Euch in folgendem vorlegen. Und wie die Rechnungen der vier Rechner, auf gleiche Annahmen reduziert, auf einige Zehntel eines halben Modul übereinstimmen, und die äußersten Differenzen zwischen diesen Resultaten fünf Zehntel nicht überschreiten, so haben wir das Mittel aus den vier Rechnungen gebildet und verschiedene Rechnungsmethoden angewendet.

		halbe Moduln
I.	Entfernung zwischen den Breitenkreisen von Dünkirchen und dem Pantheon in Paris.	124945,18
	Diese Enfernung, aus der Grundlinie von Melun berechnet, umfaßt einen Himmelsbogen von 2,18910° und die Mitte liegt auf der Breite von 49° 56′ 30″.	[124944,8] [16]
II.	Enfernung zwischen den Breitenkreisen vom Pantheon und Evaux.	152291,48
	Diese Entfernung aus der Grundlinie von Melun berechnet und dem Azimut von Dünkirchen umfaßt einen Himmelsbogen von 2,66868°, und die Mitte liegt auf der Breite von 47° 30′ 46″.	[152293,1]
III.	Entfernung zwischen den Breitenkreisen von Evaux und Carcassonne aus der Grundlinie von Perpignan und dem Azimut von Carcassonne berechnet.	168849,10 [168846,7]
	Sie umfaßt einen Himmelsbogen von 2,96336°, und die Mitte liegt auf der Breite von 44° 41′ 48″.	
IV.	Entfernung zwischen den Breitenkreisen von Carcassonne und Montjoui, aus der Grundlinie von Perpignan und dem Azimut von Carcassonne, das wie oben erwähnt korrigiert ist, berechnet.	105498,96 [105499,0]

Sie umfaßt einen Himmelsbogen von 1,85266°, und die Mitte liegt auf der Breite von 42° 17′ 20″.

V. Daraus folgt die Entfernung zwischen den Breitenkreisen von Dünkirchen und Montjoui zu 551584,72*) [551583,6]

Diese Entfernung umfaßt einen Himmelsbogen von 9,67380°, den größten, der bis zu dieser Zeit in Frankreich gemessen ist, die Mitte liegt auf der Breite von 46° 11′ 58″.

Wir legen Euch, Mitbürger, diese fünf Resultate mit dem größten Vertrauen und als ebensoviele Tatsachen vor, die dazu dienen sollen, das endgültige Ergebnis der ganzen Arbeit zu fixieren; und unser Vertrauen hierzu ist um so besser begründet, als die eingehende, ja minutiöse Prüfung, die wir mit den Beobachtungspapieren angestellt haben, uns von der Genauigkeit der geodätischen und ebenso der astronomischen Beobachtungen überzeugt hat. Die Messungen, welche sich auf die Breiten von Dünkirchen, Paris, Evaux, Carcassonne und Montjoui beziehen, sind so häufig angestellt und so gut ausgeführt, daß keine von ihnen, wie wir sicher annehmen, auch in einer sehr großen Zahl eine Sekunde Unsicherheit besitzt, und wir sind überzeugt, daß die Unsicherheit, die man in diesen Messungen annehmen will, wohl nicht eine halbe Sekunde erreichen wird. Die Breite des Pantheons in indessen nicht selbst beobachtet worden, sondern ist auf zwei Arten berechnet. Zuerst aus der Breite der Staatssternwarte, in der der Bürger *Méchain* eine lange Reihe von Beobachtungen mit größter Sorgfalt ausgeführt hat, und der Entfernung der Sternwarte vom Pantheon im Meridiansinne gerechnet, dann aus der Breite der Privatsternwarte des Bürgers *Delambre*, die dieser mit größter Genauigkeit bestimmt hat, und der bekannten Entfernung dieser vom Pantheon.

Die erste dieser Methoden ergibt als Breite des Pantheons 48° 50′ 49,67″
Die zweite**) 48° 50′ 49,75″

*) Man hat in Band III S. 89 die ein wenig abweichenden Werte, die wir allen diesen Bogen gegeben haben, gefunden. Der erste und letzte sind fast nicht verändert. Man findet einige Unterschiede in den Bogen vom Pantheon nach Evaux und von Evaux nach Carcassonne, was aus einigen kleinen Änderungen der Winkel von Torfou bis Perpignan folgt. *Delambre.*

**) Vergl. Band II, S. 413. Man findet in Band III S. 89 ein wenig

Die Differenz ist unmerklich. Wir haben in unseren Berechnungen die zweite Messung verwendet. Diese Beobachtungen sind wie alle anderen mit dem Kreise von *Borda* angestellt.

Diese vier Intervalle und der ganze Bogen geben uns also fünf Tatsachen, die unabhängig von jeder Hypothese sind. Wenn wir diese Entfernungen genauer betrachten und aus jeder von ihnen die mittlere Gradlänge, die man hieraus erhalten kann, berechnet, unter Annahme einer sphärischen Erdgestalt, die für die erste Annahme genügt, so finden wir in runden Zahlen für die mittlere Gradlänge:

		halbe Moduln	Differenz
I.	Zwischen Dünkirchen und dem Pantheon, mittlere Breite 49° 56′ 30″	57076 [57082,63]	10
II.	Zwischen dem Pantheon und Evaux, mittlere Breite 47° 30′ 46″	57066 [57069,31]	87
III.	Zwischen Dünkirchen und Montjoui, mittlere Breite 46° 11′ 58″	57018	
IV.	Zwischen Evaux und Carcassonne, mittlere Breite 44° 41′ 48″	56979 [56977,80]	
V.	Zwischen Carcassonne und Montjoui, mittlere Breite 42° 17′ 20″	56945 [56946,68]	30

Man sieht aus dieser Zusammenstellung leicht, daß alle Grade abnehmen, je mehr sie sich dem Äquator nähern, und so würde die Arbeit, die man in Frankreich allein ausgeführt hat, genügen, unabhängig von jeder anderen die Abplattung der Erde unzweifelhaft zu beweisen; und wir wollen bemerken, wenn man die vier Teile des Meridians, die wir bestimmt haben, auf alle mögliche Arten kombiniert, so erhält man mit dem ganzen Bogen zehn Kombinationen, die zehn mittlere Gradlängen für zehn mittlere Breiten geben, und diese Grade liefern noch das gleiche Resultat, mit einer einzigen Unregelmäßigkeit nur, die man aber leicht verschwinden lassen kann.

Aber wenn man weiter diese Gradlängen nicht von sich selbst aus, sondern von dem Gesichtspunkt ihrer Unterschiede oder ihrer allmählichen Abnahme aus betrachtet, und wenn man, um die Vergleichung leichter zu gestalten, sie zu einem gemeinsamen Maß vereinigt, als welches man z. B. einen

---

andere Resultate, weil meine neuen Berechnungen einige Änderungen in den Bogen am Himmel und auf der Erde annehmen. Aber diese Änderungen sind zu unbedeutend, um irgendeinen Einfluß zu haben. *Delambre.*

Breitengrad annimmt, so wird man eine auffallende Erscheinung finden, auf die man nicht gefaßt war, nämlich daß die Grade abnehmen, auf einem Breitengrad.

I. Zwischen Dünkirchen und dem Pantheon einerseits und dem Pantheon und Evaux andererseits, d. h. von der mittleren Breite 49° 56′ 30″ zur Breite 47° 30′ 46″ nur um 4 halbe Moduln [5,5].

II. Zwischen dem Pantheon und Evaux einerseits und Evaux und Carcassonne andererseits, d. h. von einer mittleren Breite von 47° 30′ 46″ zur Breite 44° 41′ 48″ um den beträchtlichen Betrag von 31 halben Moduln [32,4].

III. Zwischen Evaux und Carcassonne einerseits und Carcassonne und Montjoui andererseits, d. h. von einer mittleren Breite von 44° 41′ 48″ zur Breite 42° 17′ 20″ um 14 halbe Module [12,9].

Die Gradlängen nehmen sehr wenig und langsam von Dünkirchen bis Evaux ab, aber sehr schnell und sehr viel nach dieser Stadt, und diese schnelle Abnahme verlangsamt sich zwischen Carcassonne und Montjoui.

Diese so bemerkenswerte Erscheinung, die gleichzeitig so eng mit der verbunden ist, die uns der Unterschied der berechneten und beobachteten Azimute bietet, von den wir oben gesprochen haben, und die sich gegenseitig stützen und ergänzen, muß auf die unregelmäßige Form der Meridiane, auf die elliptische Form des Äquators und seiner Parallelkreise, auf die Anziehung der Gebirge, auf Unregelmäßigkeiten im Innern der Erde oder auf eine Kombination aller dieser Ursachen oder mehrerer von ihnen zurückgeführt werden; Ursachen, deren Einfluß noch nicht so sicher und überzeugend wie durch die Beobachtungen, über die wir berichten, nachgewiesen ist. Diese Erscheinung erschließt den Mathematikern ein weites Arbeitsfeld, die die Frage nach der Gestalt der Erde wieder aufnehmen und sie eingehender als bisher behandeln können, trotz der hervorragenden Werke, die darüber verfaßt sind.

Wir würden uns von unserem Ziel entfernen, wenn wir Euch die verschiedenen Überlegungen vortragen wollten, die die Betrachtungen über jene Tatsachen veranlaßt, und die wir in unseren Konferenzen mitgeteilt haben. Wir erinnern Euch daran, daß unsere Kommission sich auf die Bestimmung des Meters beschränkt, d. h. auf die Bestimmung des Meridianviertels, und dann seines zehnmillionsten Teiles, und gleichzeitig auf die Methode, nach der dieses Meridianviertel aus der angestellten Messung erhalten wird.

Wir haben alles, was uns bei diesem wichtigen Gegenstand aufklären könnte, sorgfältig geprüft, und nach dieser Prüfung glauben wir, uns an den ganzen Meridianbogen zwischen Dünkirchen und Montjoui halten zu müssen. Auf diese Art halten wir uns am meisten an die Tatsachen. Wir verwenden einen sehr großen Bogen, wodurch der Einfluß der Unregelmäßigkeit der Erdgestalt und der von unvermeidlichen kleinen Beobachtungsfehlern weniger merklich wird.

Um dann aus diesem so bestimmten Bogen auf die Länge des Meridiansviertels schließen zu können, haben wir für die strenge Berechnung die Annahme einer Ellipse zugrunde legen zu müssen geglaubt; und um die Abplattung der Erde zu erfahren, die man für die Berechnung braucht, haben wir uns des in Peru gemessenen Bogens bedient, des längsten von denen, die außerhalb Frankreichs gemessen sind, und einer von denen, die mit der größten Sorgfalt gemessen und mit der größten Aufmerksamkeit von den hervorragenden Beobachtern, die mit dieser Arbeit betraut waren, diskutiert sind*). Es ist übrigens ein Bogen, der infolge seiner Entfernung von dem in Frankreich gemessenen, den Einfluß von Fehlern, die sich in seine Bestimmung eingeschlichen haben können, geringer macht, weil sie sich auf einen größeren Raum verteilen.

Wir haben nach dieser Methode und nach Rechnungen, die immer von verschiedenen Rechnern angestellt sind, gefunden, daß der Vergleich des Bogens zwischen Dünkirchen und Montjoui und dem Bogen in Peru als Abplattung der Erde $^1/_{334}$ ergibt, eine Größe, die zwei Umstände äußerst bemerkenswert machen: erstens, weil diese Größe der Abplattung die gleiche ist, wie die, die sich aus der Vergleichung einer großen Anzahl von Pendellängenmessungen an verschiedenen Orten ergibt; sodann weil diese Abplattung die gleiche ist, welche die Theorie der Nutation und Präzession verlangt. So vereinigen sich die Erscheinungen, um die gleiche Wahrheit zu konstatieren, und stützen sich gegenseitig**).

---

*) Vergl. oben, S. 79, meine zahlreichen Berechnungen über diesen Bogen und die neuen daraus abgeleiteten Resultate. *Delambre.*

**) Die von mir berechnete Abplattung stimmt noch besser zu den verschiedenen Tatsachen. *Delambre.*

Aus diesen Angaben haben wir, immer nach verschiedenen Methoden, das Meridianviertel berechnet, unter Verwendung des Bogens zwischen Dünkirchen und Montjoui, und es ergibt sich, daß das Meridianviertel 5130740 halbe Moduln, oder 2565370 Moduln lang ist, eine Größe, deren zehnmillionster Teil 0,513074 halbe Moduln oder 0,256537 Moduln beträgt*).

Wir sind also der Meinung, und das ist in zwei Worten das Endergebnis unserer Arbeit, daß man, um aus den Messungen in Frankreich und Spanien das für die Maßeinheit natürlichste und der Wahrheit am nächsten kommende Resultat abzuleiten, diese Einheit, die Meter heißen, und der zehnmillionste Teil des Meridianquadranten sein soll, zu 0,256537 Moduln annehmen muß; was, da der Modul, wie oben erwähnt, der doppelten Toise entspricht, nach den alten Maßen 3 Fuß 11,269 Linien bei Verwendung der Toise von Peru, bei 13° des achtziggradigen Quecksilberthermometers ausmacht.

Das provisorische Meter war nach naheliegenden Annahmen über die gleichen Gradlängen der Erdoberfläche konstruiert und vorher zu 3 Fuß 11,442 Linien angenommen. Der Unterschied beträgt $^{146}/_{1000}$ Linien oder ziemlich genau $^{15}/_{100}$, was ungefähr ein drittel Millimeter ausmacht, um das das endgültige Maß kürzer ist als das provisorische.

Ausgefertigt im Nationalpalast der Wissenschaften und Künste am 11. Floréal des Jahres 7 der Französischen Republik, in Gegenwart aller Mitglieder der Spezialkommission.

Gez: *J. H. van Swinden*, *Tralles*, *Laplace*, *Legendre*, *Méchain*, *Delambre*, *Ciscar*.

Verlesen in der allgemeinen Kommission am obigen Datum und durch sie genehmigt.

Gez. *Lagrange*, *Pedrayes*, *Fabbroni*, *Coulomb*, *Vassalli*, *Mascheroni*, *Multedo*, *H. Aeneae*, *Lefèvre-Gineau*, *Darcet*.

---

*) Vergl. oben, S. 89 und 90, die Größen, die meine neuen Berechnungen und Beobachtungen, die nicht der Kommission vorgelegen haben, für den Meridianquadranten ergeben haben. *Delambre*.

Letzte Bemerkungen über das Meter.

Wir haben in Bd. III S. 194 mitgeteilt, daß die Verlängerung des Bogens nach Süden bis Formentera und nach Norden bis Greenwich einen von der Abplattung fast unabhängigen Wert für das Meter geben würde. Wir nahmen damals an, daß die Breite 38° 36′ wäre; sie ist aber um 4′ größer, was indessen nicht daran hindert, daß der ganze Bogen für die Bestimmung des Meters sehr vorteilhaft ist; und die gleichen Ursachen, die den Druck unseres Werkes verzögerten, haben uns die Freude bereitet, in unserem Werke Kenntnis von den Manuskripten von *Lacaille* zu geben, und sie gewähren uns damit auch die Möglichkeit, daran neue Untersuchungen über den Wert des Meters und über unsere Breitenmessungen anzuknüpfen.

Länge des Bogens zwischen Montjoui und Formentera	153605,77 Toisen
Zwischen Dünkirchen und Montjoui . .	551583
Zwischen Dünkirchen und Formentera .	705188,77
Zwischen Greenwich und Dünkirchen . .	25241,90
Zwischen Greenwich und Formentera $A' - A$	720430,67

Breite von Greenwich	51	28	$40{,}00 = L'$
Breite von Formentera	38	39	$56{,}11 = L$
	90	8	$36{,}11 = L' + L$
	180	17	$12{,}22 = 2(L' + L)$
	12	48	$43{,}89 = L' - L$
	25	37	$27{,}78 = 2(L' - L)$

das Meter wird also $\mu = 443{,}3143$ Linien $- 401{,}89'' a^2$

Für $a = 0{,}00324$ $\quad \mu = 443{,}31008$

Für $a = \frac{1}{178}$ $\quad \mu = 443{,}3017$

Für $a = \frac{1}{150}$ wurde das Meter sehr nahe dem von der Kommission angenommenen gleich. Oben, S. 89 hatten wir:

Aus Montjoui und Dünkirchen	443,3021 Linien
Aus Montjoui, Barcelona und Dünkirchen .	443,328
Den Bogen in England mitberücksichtigt hatten wir Bd. III S. 193	443,3255
Südlich den Bogen bis Formentera berücksichtigt	443,3101
Mittel der vier Werte	443,3164 Linien

Das letzte Resultat liegt sehr gut in der Mitte zwischen allen, und kann als das sicherste angesehen werden, da es unabhängig von der Gestalt der Erde ist.

Wenn man die Breite von Greenwich um 0,5″ verkleinern würde, entsprechend den Überlegungen in Bd. III S. 193, so würde das Meter um 0,006 Linien länger werden und sich zu 443,3224 ergeben.

So kommt man immer auf das gleiche Resultat, ob man die Breiten von Dünkirchen und Montjoui-Barcelona benutzt oder den Bogen von Dünkirchen bis Greenwich hinzufügt oder auch noch den bis Formentera.

In diesem Fall nehmen wir die Arbeiten der Engländer zu unseren hinzu. Und unser Bogen, der ganz Frankreich durchquert, endet einerseits auf englischem, andererseits auf spanischem Gebiet; die Enden liegen auf zwei Inseln, an Stelle sich auf dem Kontinent zu befinden.

Wir wollen daraus zwei Schlüsse ziehen, die uns sehr wahrscheinlich dünken.

Der erste ist der, daß das Meter mit all der Genauigkeit bestimmt ist, die wir erwarten können.

Der zweite ist, daß die Breite von Dünkirchen nur einer kleinen Korrektion bedarf, obwohl sie um nur um ein geringes unsicherer erscheinen könnte als die anderen, sei es, weil die Sterne nicht so gut zusammen stimmen wie bei allen anderen Stationen, sei es, weil die Beobachtungen weniger zahlreich waren, sei es endlich, weil das Klima weniger günstig ist. Tatsächlich ist, wie wir sehen werden, der Fehler höchstens ein Bruchteil einer Sekunde, um den man diese Breite vermindern könnte.

Der Bogen zwischen Greenwich und Dünkirchen beträgt 25241,9 Toisen, was einer Amplitude von 26′ 30,8″ entspricht. Ein Grad würde also $25241{,}9 \cdot \frac{60'}{26'\ 30{,}8''}$ Toisen $= 57122{,}74$ Toisen haben, bei einer mittleren Breite von 51° 15′ 25″, aber nach der Zusammenstellung auf S. 158 beträgt er 56082,63 bei einer mittleren Breite von 49° 56′ 29″. Er nimmt also um 40,11 Toisen für 1° 18′ 56″ ab, er soll um 30,61 Toisen für einen Grad abnehmen; der Unterschied ist zu groß und würde eine zu starke Abplattung voraussetzen.

Vergrößern wir den Himmelsbogen um 0,7″, was man auf zwei Arten machen kann, indem man 0,35″ zur Breite von Greenwich zufügt und den gleichen Betrag von der von Dünkirchen abzieht, oder indem man 0,7″ von der Breite von Dünkirchen abzieht, die dann 51° 2′ 8,5″ wird, so wird die Gradlänge von Greenwich $25241{,}9\,\frac{60'}{26'\ 31{,}5''} = 57097{,}22$; der folgende Grad wird $124944{,}8\,\frac{60'}{2^{0}\ 11'\ 19{,}13''} = 57087{,}70$ die Verkleinerung wird 9,52 Toisen auf 1° 18′ 56″ oder 7,23 Toisen auf einen Grad; diese Verkleinerung ist ein wenig zu klein, daher wird der wahrscheinlichste Wert der Breite von Dünkirchen zwischen 51° 2′ 9,2″ und 51° 2′ 8,5″ liegen, d. h. sehr nahe an der, die wir als Mittel der beiden Sterne, 51° 2′ 8,85″ angenommen haben.

Nehmen wir ebenso die Bogen von Formentera hinzu, so wird die Zusammenstellung von S. 158 folgendermaßen:

Stationen	Beobachtete Breiten	Mittlere Breiten	Himmels-bogen	Bogen auf der Erde Toisen	Grad-längen	Verkleinerung für einen Grad. Toisen
Greenwich	51° 28′ 40,00″	51° 15′ 25″	0° 26′ 31,50″	25 241,9	57 097,22	7,23
Dünkirchen	51 2 8,50	49 56 29	2 11 19,13	124 944,8	57 087,66	8,40
Pantheon	48 50 49,37	47 30 46	2 40 6,83	152 293,1	57 069,31	32,40
Evaux	46 10 42,54	44 41 48	2 57 48,24	168 846,7	56 977,80	12,91
Carcassonne	43 12 54,30	42 17 20	1 51 9,34	105 499,00	56 946,68	— 2,0
Montjoui	41 21 44,96	40 0 15	2 41 48,85	153 505,77	56 999,84	
Formentera	38 39 56,11					

Von Montjoui nach Formentera wächst die Gradlänge statt kleiner zu werden; eine Unregelmäßigkeit, die keinen Anteil an unserem Bogen hat. Es hat also den Anschein, als ob die aus den Beobachtungen von Barcelona und Montjoui abgeleitete Breite der von Montjoui allein vorzuziehen ist. Fügen wir also 1,62″ der Breite von Montjoui hinzu, so erhält man:

Stationen	Beobachtete Breiten	Mittlere Breiten	Himmelsbogen	Bogen auf der Erde Toisen	Gradlängen	Verkleinerung für einen Grad. Toisen
eenwich	51° 28′ 40,0″	51°15′24″	0° 26′ 31,51″	25 241,9	57 097,22	
inkirchen	51 2 8,50	49 56 29	2 11 19,13	124 944,8	57 087,70	7,23
ntheon	48 50 49,37	47 30 46	2 40 6,83	152 293,1	57 069,31	8,41
aux	46 10 42,54	44 41 48	2 57 48,24	168 846,7	56 977,80	32,40
rcassonne	43 12 54,30	42 17 21	1 51 7,72	105 499,0	56 960,46	9,36
ontjoui	41 21 46,58	40 0 52	2 41 50,47	153 605,77	55 949,89	5,03
rmentera	38 39 56,11					

Alle unsere Gradlängen werden kleiner, aber sehr ungleichmäßig, besonders zwischen Evaux und Carcassonne. Untersuchen wir die Mittel, um die Gleichförmigkeit herzustellen, ohne uns zu sehr von den Beobachtungen zu entfernen.

Wir haben[17]) nach Formel 45 im Band II Seite 679

$$(A'-A)\frac{\pi}{2Q}=(L'-L)-(\tfrac{3}{2}a+\tfrac{3}{4}a^2)\sin(L'-L)\cos(L'+L)$$
$$+\frac{15}{32}a^2\sin 2(L'-L)\cos 2(L'+L).$$

Ist $n=\frac{1}{3}$ so hat man:

$$\sin(L'-L)=(L'-L)\cos^n(L'-L).$$

Also: $$(A'-A)\frac{\pi}{2Q}=(L'-L)\Big[1-(\tfrac{3}{2}a+\tfrac{3}{4}a^2)\cos^n(L'-L)$$
$$\cos(L'+L)+\frac{15}{16}a^2\cos^n 2(L'-L)\cos 2(L'+L)\Big]$$

$$\frac{A'-A}{L'-L}\frac{\pi}{2Q}=1-(\tfrac{3}{2}a+\tfrac{3}{4}a^2)\cos^n(L'-L)\cos(L'+L)$$
$$+\frac{15}{16}a^2\cos^n 2(L'-L)\cos 2(L'+L$$

$$1-\left(\frac{A'-A}{L'-L}\right)\frac{\pi}{2Q}=(\tfrac{3}{2}a+\tfrac{3}{4}a^2)\cos^n(L'-L)\cos(L'+L$$
$$-\frac{15}{16}a^2\cos^n 2(L'-L)\cos 2(L'+L$$

Setzen wir in diese Formel die Werte von A' A, L' L und von Q ein, entsprechend den Beobachtungen, so erhalten wir für a:

Aus Greenwich und Dünkirchen	$a = 0{,}006046$
Aus Dünkirchen und Pantheon	$0{,}007629$
Aus Pantheon und Evaux .	$0{,}008301$
Aus Evaux und Carcassonne	$0{,}017733$
Aus Carcassonne, Montjoui Barcelona	$0{,}005991$
Aus Montjoui, Barcelona und Formentera	$0{,}004215$
Mittel	$0{,}008319 = \frac{1}{120}$ Abplattung.

Für $L' - L = 1^\circ$ ist:

$$A' - A = \frac{2Q \cdot 1^\circ}{\pi}\Big(1 - (\tfrac{3}{2}a^2 + \tfrac{3}{4}a^4)\cos^n 1^\circ \cos(2L + 1^\circ) + \frac{15}{16}a^2 \cos^n 2^\circ \cos 2(2L + 1^\circ)\Big)$$

$$d \cdot (A' - A) = \frac{2Q \cdot 1^\circ}{\pi}\Big(+ (\tfrac{3}{2}a^2 + \tfrac{3}{4}a^4)\cos^n 1^\circ \cdot 2^\circ \sin 2L - \frac{15}{16}a^2 \cos^n 2^\circ \cdot 4^\circ \sin 4L\Big)$$

$$= \frac{2Q \cdot 1^\circ}{\pi}\Big((3a^2 + \tfrac{3}{2}a^4)\cos^n 1^\circ \cdot 1^\circ \sin 2L - \frac{15}{4}a^2 \cos^n 2^\circ \sin 4L\Big)$$

$$= \frac{2Q}{\pi}(3600'')^2 \sin 1''\Big((3a + \tfrac{3}{2}a^2)\cos^n 1^\circ \sin 2L - \frac{15}{4}a^2 \cos^n 2^\circ \sin 4L\Big)$$

$$= \frac{2Q}{\pi}(3600'')^2 \sin 3''\Big(a(1 + \tfrac{1}{2}a)\cos^n 1^\circ \sin 2L - \frac{5}{4}a^2 \cos^n 2^\circ \sin 4L\Big)$$

$$= 2985{,}1 \text{ Toisen} \cdot \Big(a(1 + \tfrac{1}{2}a)\sin 2L - \frac{5}{4}a \sin 4L\Big)$$

Das zweite Glied ist bei 45° Null.

Setzen wir für a die verschiedenen Werte ein, so erhalten wir für die Verkleinerung bei 45°

a	a	
0,0080	1 : 125	24,0
0,0071	143	21,0
0,0068	147	20,4
0,0066	151	19,8
0,0064	156	19,2
0,0062	161	18,6
0,0060	167	18,0
0,0058	172	17,4
0,0056	178½	16,8
0,0054	185	16,2
0,0052	192	15,6
0,0050	200	15,0
0,0048	208	14,4
0,0046	217	13,8
0,0044	227	13,2
0,0042	238	12,6
0,0040	250	12,0
0,0038	263	11,4
0,0036	278	10,8
0,0034	294	10,2
0,0032	312	9,6
0,0030	333	9,0
0,0028	357	8,4

In der ganzen Ausdehnung unseres Bogens ist der zweite Ausdruck unmerklich, und sin 2 L unterscheidet sich wenig von der Einheit, denn das Minimum ist 0,978. So würden alle unsere Teilbögen sehr nahe den gleichen Unterschied in den Gradlängen geben.

Um die Breite einem elliptischen Meridianbogen entsprechend zu korrigieren, gibt uns die obige Formel einen sehr einfachen direkten Weg. Man erhält aus ihr:

$$L' - L = \frac{(A' - A)\frac{\pi}{2Q}}{1 - (\frac{3}{2}a + \frac{3}{4}a^2)\cos^n(L' - L)\cos(L' + L) + \frac{15}{16}a^2\cos^n 2(L' - L)\cos 2(L' + L)}$$

Setzt man für a die verschiedenen Werte ein, so erhält man die Breitendifferenz, die man hätte beobachten sollen; aber da die a^2 immer nur einen kleinen Bruchteil gegenüber den a ausmachen, kann man in der ersten Annäherung die a^2 vernachlässigen und schreiben:

$$L' - L = \frac{(A' - A)\,\pi}{2Q}\left(1 + \tfrac{3}{2}\,a \cos^n (L' - L) \cos (L' + L).\right)$$

Beginnt man mit der stärksten jemals angenommenen Abplattung, nämlich $0{,}005\,63 = \frac{1}{177{,}62}$, wird die Rechnung so:

$\frac{\pi}{2Q} =$	8,8003490
Von Dünkirchen zum Pantheon $A' - A = 124\,944{,}8$	5,0967183
$2^\circ\ 11'\ 29{,}82''$	3,8960673
$\frac{3}{2}\,a = 0{,}008\,445$	7,9265997
$\cos^n (L' - L) = 2^\circ\ 11'\ 20''$	9,9998943
$\cos (L' + L) = 99^\circ\ 52'\ 58''$	$-$ 9,2346007
$-\ 11'\ 43''$	1,0581626

$L' - L = 2^\circ\ 11'\ 18{,}39''$
Beobachtet $L' - L = 2^\circ\ 11'\ 19{,}83''$
Differenz $1{,}44''$

Die Größen $L' - L$ und $L' + L$ brauchen nicht genau bekannt zu sein. Setzt man also für $a = \frac{1}{177{,}8}$, so muß man die gemessene Differenz um $1{,}44''$ verkleinern, was man auf verschiedene Methoden machen kann. Ich ziehe $1{,}2''$ von Dünkirchen ab, das sich so auf $51^\circ\ 2'\ 8''$ reduziert, und füge $0{,}2''$ Paris zu, was $48^\circ\ 50'\ 49{,}6''$ wird. Von diesen beiden Breiten ausgehend, berechne ich $L' - L$ für jeden anderen Bogen und erhalte folgende Zusammenstellung für die Abplattung $0{,}005\,63 = \frac{1}{177{,}6}$.

		Korrektion der Breite	2. Korrektion	3. Korrektion
Greenwich	51° 28′ 39,00″	− 1,0″	0,0″	− 1,23″
Dünkirchen	51 2 8,00	− 1,2	− 0,2	− 1,43
Pantheon	48 50 49,60	+ 0,23	+ 1,23	0,00
Evaux	46 10 40,27	− 2,27	− 1,27	− 2,50
Carcassonne	43 12 56,70	+ 2,40	+ 3,40	+ 2,17
Montjoui	41 21 49,55	+ 2,97	+ 3,97	+ 2,74
Formentera	38 39 55,70	− 0,41	+ 0,59	− 1,64
		+ 0,72	+ 7,32	− 4,43

Wenn man so die Breite von Dünkirchen um 1,2″ ververkleinert, bin ich gezwungen, die von Greenwich um 1″ zu verkleinern. Meine Beobachtungen stimmen also mit denen von *Bradley* überein, wenigstens in dem Grad der Abplattung.

Ich habe nur eine kleine Korrektion an der Breite von Paris angebracht, die mir auch die sicherste von allen zu sein scheint.

Von der Breite von Evaux muß ich 2,27″ abziehen, ich glaube indessen nicht, daß ein solcher Fehler unterlaufen ist, da beide Sterne sehr gut zusammenstimmen.

Ich füge der Breite von Carcassonne 2,4″ zu, obwohl ich sie für sehr sicher halte, wenn auch *Méchain* nur den Polarstern beobachtet hat.

Der mittleren Breite von Montjoui und Barcelona füge ich 2,97″ zu oder 1,31″ der von Barcelona oder endlich 4,52″ der von Montjoui.

Ich ziehe 0,41″ von der Breite von Formentera ab; es ist wahr, daß diese mit anderen Refraktionen berechnet ist, aber da die Korrektion klein ist, auch wenn man sie um die Refraktionsdifferenz vergrößert, ist sie immerhin noch ziemlich unbedeutend.

Die angenommene Abplattung setzt also voraus, daß wir Fehler von 2 bis 3 Sekunden hätten begehen können.

Die Summe der positiven Korrektionen ist	5,60″
Die Summe der negativen	4,88″
	0,72″

Sie kompensieren sich also bis auf 0,72″.

Wenn man die Breiten von Greenwich beibehalten wollte,

würde man die Korrektionen erhalten, die man in der vorletzten Reihe findet, meine Breiten würden keinen Fehler enthalten, der 1,72″ überschritte, aber die von *Méchain* würden um 3 bis 4 Sekunden zu klein sein. Die Fehler wären ungleichmäßig verteilt. Will man die Breite von Paris festhalten, so erhielte man die dritte Reihe.

Setzt man $a = \frac{1}{200} = 0{,}0050$, so erhält man:

Greenwich	51°	28′	40,41″	+ 0,41″
Dünkirchen	51	2	9,06	— 0,14
Paris	48	50	49,37	0,00
Evaux	46	10	39,22	— 3,32
Carcassonne	43	12	56,30	+ 2,01
Montjoui und Barcelona	41	21	49,62	+ 3,11
Formentera	38	39	55,42	— 0,69
				1,37

Die Fehler werden etwas größer, und ihre Summe reduziert sich auf 1,37″. Diese Abplattung gibt also weniger gute Resultate als die vorhergehende; aber nur sehr wenig schlechtere. Sie läßt die Breiten von Greenwich, Dünkirchen, Formentera sehr nahe so wie sie beobachtet sind.

Setzen wir $a = 0{,}0044 = \frac{1}{227}$, was sich wenig von der Abplattung nach *Newton* unterscheidet:

Greenwich	51°	28′	41,93″	+ 1,93″
Dünkirchen	51	2	10,27	+ 1,07
Paris	48	50	49,37	+ 0,00
Evaux	46	10	38,41	— 4,13
Carcassonne	43	12	55,56	+ 1,46
Montjoui und Barcelona	41	21	49,52	— 2,98
Formentera	38	39	58,76	+ 2,65

Man sieht, daß diese Abplattung größere und ungleichmäßig verteilte Fehler ergibt. Alle Korrektionen werden positiv, ausgenommen Evaux.

Die Fehler würden noch größer werden, wenn wir die Abplattung verringern. Wir wollen versuchen, sie zu vergrößern. Nehmen wir also $a = 0{,}0066 = \frac{1}{151}$; wir erhalten dann die ganz unwahrscheinlichen Fehler:

Greenwich	51°	28′	36,35″	— 3,65″
Dünkirchen	51	2	5,83	— 3,2
Paris	48	50	49,37	0,00
Evaux	46	10	41,32	— 1,22
Carcasonne	43	12	58,13	+ 3,85
Montjoui und Barcelona	41	21	50,01	+ 3,43
Formentera	38	39	53,70	— 2,41
				— 3,20

Man sieht, wenn man von Paris ausgeht, stimmen die Breiten von Dünkirchen und Greenwich bei jeder Abplattung zusammen. Aber hier vergrößert sich die Summe der Korrektionen ins Negative auf 3,20″. Diese Abplattung ist also zu stark.

Laplace und *Legendre* haben indessen noch stärkere gefunden, aber sie verwendeten nur vier Bogen an Stelle von sechs.

Man sieht noch, daß zwischen Evaux. und Carcassonne immer fünf Sekunden Unterschied sind.

Versuchen wir es endlich mit $a = 0{,}00572 = \frac{1}{174{,}75}$:

Greenwich	51°	28′	38,56″	— 1,44″
Dünkirchen	51	2	7,58	— 1,62
Paris	48	51	49,37	+ 0,00
Evaux	46	10	40,17	— 2,37
Carcassonne	43	12	57,13	+ 2,87
Montjoui und Barcelona	41	21	49,84	+ 3,26
Formentera	38	39	55,77	— 0,34
				+ 0,36

Diese letzte Abplattung ist die, bei der die Summe der Fehler die kleinste ist. Die, welche sie zu Null machen würde, unterscheidet sich sehr wenig von ihr, und man bemerkt, daß $\frac{1}{175}$ und $\frac{1}{178}$ ungefähr die gleichen Fehler ergeben.

Als letzte Schlußfolgerungen will ich anführen, daß das Meter 443,32 ziemlich genau ist, die Breite von Barcelona erscheint besser als die von Montjoui; die Breite von Dünkirchen stimmt bei allen Annahmen über die Abplattung aus Messungen in Europa sehr gut mit der von Greenwich und Paris.

Über die Einheit des Gewichtes im dezimalen metrischen System nach den Arbeiten von Lefèvre-Gineau[18].

Bericht von *Tralles* an die Kommission, am 11. Prairial des Jahres VII.

Ein allgemeines metrisches System, das in sich geschlossen und unveränderlich ist, war seit langem erwünscht. Die Konstituierende Versammlung forderte es, und die Akademie der Wissenschaften entwarf einen Plan dafür, der von dem Nationalkonvent sanktioniert wurde. Die Kommission für Maß und Gewicht, die sich zur Ausführung dieses schönen Planes gebildet hatte, wurde zuerst von den Mitgliedern dieser berühmten Akademie gebildet und vereinigte sich noch mit anderen französischen Gelehrten ersten Ranges. Das National-Institut setzte die begonnene Arbeit fort, und um sie auf die zuverlässigste Weise vor den Augen von ganz Europa zu beenden, lud es fremde Gelehrte zur Teilnahme an dieser Arbeit ein, deren letzte Ergebnisse jetzt vorgelegt werden sollen.

Die Kommission für Maß und Gewicht sollte die Fundamentaleinheiten dieses metrischen Systems bestimmen, und das erste Ziel ihrer Arbeiten mußte die Festsetzung der Längeneinheit sein, die grundlegende Einheit, auf die alle Längen, alle Entfernungen bezogen werden müssen. Denn alles hängt vom Raum ab, selbst die Zeit, weil es keine Messung ohne Bewegung gibt. Und die Gewichtseinheit oder das Maß für die Quantität der Materie würde nicht zu definieren sein, wenn Längen nicht als Elemente zugelassen würden. Aber da alle Körper nicht gleiche Mengen Materie in gleichen Räumen enthalten, braucht man noch eine zweite Fortsetzung für die Einheit der Menge der Materie, die genaue Definition eines physischen Körpers. Dieser Körper bestimmt dann, bei festgesetztem Volumen, die angenommene Einheit für die Menge der

Materie oder die Gewichtseinheit, weil wir meistens die Menge der Materie durch ihr Gewicht messen.

Die Erdkugel war als Grundlage für das Längenmaß gewählt worden. Denn man braucht ebenso einen reellen Körper von unveränderlicher Größe zur Festsetzung der Längeneinheit, wie eine physikalisch konstante Menge Materie für die Gewichtseinheit. Die Teile der Erdkugel weisen nur Änderungen in der Form und in der Größe auf, aber das Ganze ist ebenso unveränderlich, wie unsere Maße es sein müssen. Wenn man daher zu allen Zeiten an ein unveränderliches Naturmaß gedacht hat, hat man es vernünftigerweise nur von der Erde ableiten können. Es gab nur den Unterschied, direkt in der Größe der Erde die Längeneinheit zu suchen oder sie mittels des Pendels aus der Kraft ihrer Materie zu berechnen, die das Gewicht der ruhenden Körper und den Fall der freien verursacht. Aber dann findet man nur die Geschwindigkeit, die fallende Körper am Ende einer gewissen Zeit erreichen, oder den Raum, den sie von Anfang des Falles in einer gegeben Zeit durcheilen. Das ist zum wenigsten das natürlichste, was man aus der Länge des mathematischen Pendels ableiten kann, in Anbetracht dessen, daß die Pendellänge selbst ein viel zu komplizierter Gegenstand ist, um als Längeneinheit gewählt werden zu können. Übrigens kann man in dieser Definition nicht das Miteinbeziehen der Zeit und der Rotationsbewegung der Erde vermeiden, und man würde so eine in der Natur wohl bestimmte Sache kompliziert und zum Teil willkürlich machen und einen nicht systematischen und den exakten Wissenschaften fremden Weg einschlagen, weil etwas rein Geometrisches von mechanischen und astronomischen Betrachtungen vorbereitet wird. Eine Kraft und die Zeit würden die tatsächlichen Fundamentaleinheiten werden, und diese Einheiten würde man vor jenen der Länge kennen müssen.

Diese und viele andere Erwägungen haben den Gedanken fallen gelassen, die Pendellänge als Einheit zu wählen. Indessen hat die Länge des einfachen Pendels den Vorzug, an einem bestimmten Ort in fester Beziehung zu einer beliebig gewählten Dimension der Erde zu stehen; eine zweifellos wertvolle Beziehung, die die einzige ist, welche an jeder Stelle der Erde unveränderlich ist, ebenso lange Zeit, wie ihre Konstitution und ihre Rotation unverändert bleibt; eine Beziehung, die für mehrere Orte der Erde mit größter Genauigkeit zu kennen ungeheuer interessant ist, weil sie es immer gestattet, falls erforderlich, die wahre ursprüngliche Einheit zu rekonstruieren, welche die Akademie der Wissenschaften mit Recht vorgezogen hat, den zehnmillionsten Teil des Meridianquadranten der Erde zwischen Pol und Äquator.

Obwohl diese Länge durch einen sehr einfachen Vorgang bestimmt ist, und aus einer physischen Länge abgeleitet wird, handelt es sich trotzdem darum, sie isoliert darzustellen. Man mußte also eine Operation, die einer tatsächlichen Zerteilung eines Erdmeridians entsprach, vornehmen. Wenn auch eine solche Arbeit ihre Schwierigkeiten hat, so können diese doch der zu suchenden Einheit keinen Schaden zufügen, und wie groß sie auch immer waren, sie sind glücklich durch die beiden großen Astronomen überwunden, die den Meridianbogen zwischen Dünkirchen und Montjoui gemessen haben; es ist dieses die umfangreichste und schönste Arbeit, die jemals zur Messung der Größe der Erde unternommen ist. Die vollendeten Instrumente, die man verwendete, erinnern an den genialen Mann, der sie erfunden hat, und der einen so tätigen Anteil an dem metrischen System genommen hat, und dessen Verlust so lebhaft empfunden wird. *Borda* war es noch, der die Länge des Sekundenpendels in Paris mit einem so bemerkenswerten Genauigkeitsgrade gemessen hat. Indem er sich die Aufgabe als ein Problem stellte, analysierte er es, um den einfachsten Weg zur Lösung und die direktesten und sichersten Mittel dazu zu finden; so sind auch die von ihm verwendeten fast alle neu.

Die umfangreichen Beobachtungen, die wir dem Mut und dem Eifer der Bürger *Méchain* und *Delambre* verdanken, sind mit den vollendetsten Hilfsmitteln und mit den Vorsichtsmaßregeln, die diese hervorragenden Beobachter den schon bereits bekannten hinzugefügt haben, angestellt und haben Unterlagen für die Berechnung ergeben, die eine bisher in den Meridianmessungen unbekannte Genauigkeit besaßen. Diese Beobachtungsgenauigkeit gestattete nicht, die alten wenig strengen Rechnungsmethoden anzuwenden. Die Kommission für Maß und Gewicht ersetzte sie durch genauere, um die Endergebnisse der gesamten Beobachtungen abzuleiten, um zu einer Länge zu gelangen, die so genau, wie es bei dem jetzigen Zustande unserer Kenntnisse möglich ist, den vierzigmillionsten Teil des Erdmeridians darstellt, die Längeneinheit, das Ausgangselement für die Gewichtseinheit.

Das zweite erforderliche Element für die Festsetzung der

Gewichtseinheit war bereits im allgemeinen angedeutet, ein Stoff von physikalisch ganz konstanter Qualität. Es muß also ein Stoff sein, den man möglichst rein erhalten kann, von allem dem befreit, was sich mechanisch oder chemisch mit ihm vereinigen kann, bei dem mechanische Kräfte möglichst wenig die Dichte ändern, oder der möglichst vollkommen in den früheren Zustand zurückkehrt, wenn solche Kräfte zu wirken aufgehört haben. Zur Erzielung einer möglichst großen Genauigkeit der Gewichtseinheit, ist es zweckmäßig, einen Körper zu wählen, dessen Dichte nicht zu groß ist, die anderen Eigenschaften als gleich vorausgesetzt. Das Wasser besitzt alle diese Eigenschaften, und daher wurde es, auf Vorschlag der Akademie der Wissenschaften, durch Gesetz dazu bestimmt. Es ist ein Vorzug, daß dieser Körper bei dem gewöhnlichen Zustand der Atmosphäre in der gemäßigten Zone flüssig ist. In dieser Form gestattet es, seine Dichte mit der anderer Körper am leichtesten und am schnellsten zu vergleichen, und es ist am natürlichsten die Dichte des Körpers, der bei einem gegebenen Volumen die Einheit der Menge der Materie darstellt, als Dichteeinheit anzusetzen.

Wir kennen keinen anderen homogenen Körper, dessen Dichte so vollkommen unveränderlich ist. Die Wärme ist hierfür der Grund. Diese Dichteänderung verlangt also eine neue Definition zu ihrer Bestimmung. Da wir es noch nicht verstehen, einen wärmefreien Raum herzustellen, geben wir im allgemeinen die Temperatur der Körper oder ihre Dichte an. Es war indessen wesentlich, die Festsetzung einer Thermometerskala vor der der Prototypeinheiten des metrischen Systems zu vermeiden, um hier nicht Größen mitwirken zu lassen, die ihnen fremd sein müssen. Infolgedessen hat man eine sehr konstante Temperatur gewählt, der man die Einheit der Länge aussetzen muß, damit sie die Länge gibt, die sie tatsächlich darstellen soll. Es ist die Temperatur, die selbst die Grundlage unserer Skalen ist, um den Grad der freien Wärme anzuzeigen, die keinen sogenannten Wärmemesser verlangt, um sie festzustellen. Das ist die Temperatur des Eises im Augenblick, wo es in den flüssigen Zustand übergeht.

Die Dichteänderung ist im allgemeinen proportional der Temperaturänderung und ist ziemlich beträchtlich, besonders bei den flüssigen Körpern. Das Wasser bietet hierbei eine sehr vorteilhafte Eigenschaft, eine Eigenschaft, die der Mehrzahl der anderen Körper fehlt, zum mindesten in den leicht erreichbaren Temperaturen, nämlich die, ein Dichtemaximum zu besitzen. Die Dichte bleibt merklich konstant, trotzdem die Temperatur sich ein wenig ändert, wie es bei allen veränderlichen Größen an ihren Maximis und Minimis eintritt, wenn sie nur einem Gesetz der Kontinuität unterworfen sind, wie es beim Wasser unter diesen Bedingungen der Fall ist; indessen ist am Schmelzpunkt ein Sprung in der Dichte zu befürchten. Tatsächlich befindet sich das Wasser bei dieser Temperatur in einem sozusagen unbestimmten Zustande, es will den flüssigen Zustand verlassen. Es ist aber in diesem so gut kenntlich, daß es doch die Gewichtseinheit liefern kann. Das schmelzende Eis liefert eine sehr gut definierte Temperatur. Das Wasser dagegen liefert, im Augenblick seiner größten Kontraktion die ganz unveränderliche Dichte, und es ist hierbei ohne Bedeutung, ob das Wasser bei einer fest bestimmten Temperatur beobachtet wird, damit seine Dichte wohl bestimmt sei; das Wasser macht beim Maximum seiner Dichte, jede Definition und Bestimmung seiner Temperatur entbehrlich. Das ist der Zustand des Körpers, der vollkommen dem entspricht, den man für die Bestimmung der Gewichtseinheit wünschen muß, und infolgedessen ist es der, für den sich die Kommission für Maß und Gewicht entschieden hat.

Nachdem die Materie gewählt, ihr Zustand bestimmt und das dezimale System adoptiert war, ist es natürlich und zweckmäßig, das Kubikmeter oder den zehnten, hundersten usw. Teil als Volumen zu wählen, den der Stoff einnehmen muß, um die Gewichtseinheit darzustellen. Wäre der gewählte Stoff ein fester Körper gewesen, so hätte man nur einen Körper von gegebenem Volumen herzustellen brauchen. Für Wasser könnte man es erreichen, wenn man ein Gefäß von solchem Volumen herstellte, wie es der Körper als gewünschte Einheit erhalten soll, und jede Masse, die ebensoviel wiegt, wie das in diesem Raume enthaltene Wasser, würde das entsprechende Gewicht haben. Indessen wird diese Masse nicht ebensoviel Materie wie das Wasser enthalten, außer in dem Fall, wenn sie gleicher Dichte wie das Wasser wäre, vorausgesetzt, daß das Gleichgewicht nur in Luft hergestellt ist, wobei also noch bemerkt werden muß, daß die Gewichte nur in aller Strenge als im leeren Raum richtig angesehen werden. Die Gewichtseinheit in atmosphärischer Luft würde zu unbestimmt sein, und wenn man sich auch dazu entschlösse, mittels aller meteorologischer Instrumente den Zustand der

Atmosphäre zu definieren, in der ein gegebenes Volumen Wasser die Gewichtseinheit darstelle, würde man nur eine Art Relativmaß haben, trotzdem man sich mit einer Menge komplizierter Betrachtungen überlastet hätte, die der Sache selbst fremd sind und der Einfachheit, einer der schönsten Eigenschaften des metrischen Systems, widersprechen. Der wahre Standpunkt für eine Gewichtseinheit wäre verfehlt. Sie würde nicht mehr der Einheit der Menge der Materie entsprochen haben; wenn man dagegen die Einheit des Gewichtes im leeren Raum annimmt, so erhält man als entsprechende Begriffe das Gewicht und die Menge der Materie, und das Volumen und die Dichte sind die einzigen Elemente, die die Einheit für das eine und die andere bestimmen. Man macht einen Kubikdezimeter destillierten Wassers bei seiner größten Dichte dem Gewicht eines gegebenen festen Körpers gleich, beides auf den leeren Raum bezogen, dann hat man das, worauf sich die Frage der Festsetzung einer Gewichtseinheit reduziert.

Da die direkte Lösung dieses Problems nicht möglich ist, mußte man sie anders angreifen und das Verhältnis des Gewichtes eines beliebigen Körpers zu der wahren Einheit suchen. Man kann und muß indessen voraussetzen, daß für den Physiker, der die Gewichtseinheit bestimmen will, ein beliebiges Gewicht mit seinen genauen Vielfachen und Unterteilungen zur Verfügung steht; ebenso wie es erforderlich war, zur Feststellung der Längeneinheit gut geteilte, gleich lange Maßstäbe zu verwenden. Überhaupt mußte man bei dieser Arbeit alle physikalischen Kenntnisse, die sich hierauf beziehen, benutzen, und das ist auch nicht weiter wunderbar. Das natürlichste metrische System ist nicht das, welches die Menschen zuerst finden konnten; es ist ein Geschenk der Kenntnisse, die man erlangt hat, von denen die, welche am wenigsten in die exakten Wissenschaften eingeweiht sind, die größten Vorteile nach seiner allgemeinen Annahme haben werden.

Man hatte zwei Methoden zur Bestimmung der Gewichtseinheit. Beide haben das gemeinsam, daß man das Volumen und das Gewicht dieses beliebig zu wählenden Volumens Wasser kennen muß. Daraus berechnet man das Volumen der Einheit und hat so das Verhältnis des verwendeten Gewichts zu der gesuchten Einheit. Von den beiden Methoden erfordert die eine die Kenntnis des inneren Raumgehaltes eines Körpers, die andere das äußere Volumen des Körpers; und der Unterschied des Gewichtes der Luft und des Wassers gleichen

Volumens in den Hohlkörpern ist zu messen erforderlich, ob man die erste oder die zweite Methode befolgt. Aber die letztere hat für die Versuche bedeutende Vorzüge, da es viel schwieriger ist, den Raumgehalt eines Gefäßes zu bestimmen, auch wenn es noch so regelmäßig gestaltet ist, als das Volumen eines festen Körpers, dessen äußere Dimensionen man messen kann.

Man verlangte nur, daß der Mechaniker einen Körper von vorgeschriebenem Volumen herstelle, aber nur von der Größe etwa, welche am meisten für genaue Resultate geeignet war. Die Form, die es diesem Körper zu geben hatte, war weniger willkürlich, weil er leicht und genau herstellbar sein mußte, und die Dimensionen, die man nachzumessen gedachte, möglichst genau sein Volumen geben sollten.

Der einfachste Körper mit ebenen Oberflächen, den man hätte wählen können, wird durch vier Ebenen begrenzt. Aber da man ihn nur von der Spitze aus messen kann ist sein Volumen sehr schwer sicher feststellbar. Die Schwierigkeit kann nur zum Teil behoben werden, wenn seine Flächen an Zahl fünf sind. Dagegen wird es anders, wenn der Körper von sechs Ebenen begrenzt wird, die rechtwinklig aneinander stoßen. Die Umdrehungskörper, die Kugel, der Zylinder und auch noch der abgestumpfte Kegel sind die einzigen, die mit Vorteil verwandt werden können. Der Zylinder, dessen Höhe gleich seinem Durchmesser ist, wurde gewählt.

Dem Bürger *Fortin*, einem klugen und geschickten Mechaniker, gelang es, den senkrechten Zylinder, dessen Höhe und Durchmesser etwa 243,5 mm war, aus Messing mit bemerkenswerter Vollendung herzustellen. Er hat ebenso die Gewichte und Wagen mit großer Sorgfalt und auch ein spezielles Instrument zum Messen der Zylinderdimensionen hergestellt. Da diese Maße mit äußerster Genauigkeit bekannt sein müssen, damit nicht die linearen Fehler eine zu große Unsicherheit im Volumen hervorrufen, ist dieses Instrument eines der wesentlichsten für die Versuche zur Bestimmung des Gewichts eines Volumens Wasser, und verdiente hier beschrieben zu werden, wenn eine solche Beschreibung nicht zu viel Einzelheiten für den Bericht erfordert hätte.

Der Bürger *Lefèvre-Gineau* war mit der Arbeit beauftragt worden, über die wir hier berichten. Er hat den Zylinder mit all der Sorgfalt gemessen, die der Gegenstand verlangte, und er hat auf alle Gewichte seine eingehendste Sorgfalt bei allen

Versuchen, die er zu machen hatte, gerichtet. Der Bürger *Fabbroni* war zur Fortsetzung der Arbeit über das Gewicht ernannt, zur Mitarbeit mit dem Bürger *Lefèvre-Gineau*, und diese Physiker haben gemeinsam die Arbeit beendet, aus der man die endgültige Bestimmung der Gewichtseinheit erhalten soll.

Der Apparat zur Messung der Dimensionen des Zylinders wurde in der Hauptsache nur zur genauesten Messung der kleinen Längendifferenzen verwendet, die die Maschine auf $^1/_{2000}$ der alten Linie angab; sie machte indessen noch den vierten Teil hiervon merklich. Der zu untersuchende und auszumessende Körper war ein Zylinder, hatte also nur zwei Hauptdimensionen. Die Höhen des Zylinders wurden an verschiedenen Punkten der Grundfläche mit einem Maßstab aus Messing verglichen, derart, daß die Differenzen dieser Höhen gegen die Länge des Normales bestimmt wurden; und obwohl der Durchmesser des Zylinders sich nur wenig von seiner Höhe unterschied, und man den gleichen Maßstab hatte gebrauchen können, zog man es doch vor, einen zweiten zu einer entsprechenden Vergleichung der Durchmesser zu verwenden. Wir wollen diese Maßstäbe *h* und *d* nennen.

Auf der Grundfläche des Zylinders waren zwölf Radien oder sechs Durchmesser gezogen, die sie in zwölf gleiche Teile teilen, jeder dieser Durchmesser hat einen ihm parallelen auf der anderen Grundfläche. Etwa 11 mm vom Rande ist ein Punkt auf jedem dieser Radien markiert, ebenso auf der Mitte und auf zwei Drittel von der Mitte aus.

In diesen 36 Punkten und in der Mitte hat der Bürger *Lefèvre-Gineau* die Höhen beobachtet, indem er die Abstände dieser Punkte von den entsprechenden der der anderen Fläche maß. Diese Längen sind tatsächlich die Höhen des Zylinders in diesen Punkten, weil er so vollkommen rechtwinklig ist, daß der Unterschied zwischen den Höhen und den Parallelen zur Achse durch kein Mittel in der Praxis nachgewiesen werden kann. Jede dieser Höhen wurde mehrere Male gemessen, und die größten Unterschiede, die der Bürger *Lefèvre-Gineau* angetroffen hat, überschreiten nicht 0,0035 der alten Linie, im allgemeinen erreichen sie nicht 0,0015. Es ist also sehr wahrscheinlich, daß das mittlere Ergebnis aus zehn bis zwölf Beobachtungen für jede Höhe, das die Kommission, die speziell mit der Prüfung der Arbeiten über die Festsetzung der Gewichtseinheit beauftragt war, annehmen zu müssen glaubte, ohne eine auszuschließen, auf etwa 0,0005 wenigstens zuverlässig ist.

Auf der krummen Oberfläche des Zylinders wurden acht Kreise parallel zu den Grundflächen gezogen; auf jedem dieser Kreise wurden die sechs Durchmesser, die parallel zu denen der Grundflächen waren, gemessen. Die Beobachtungen des Bürgers *Lefévre-Gineau* haben eine Gleichförmigkeit in dem verschiedenen Maße des gleichen Durchmessers aufzuweisen, die noch größer war als die der Höhen, weil die Durchmesser ein wenig leichter zu messen waren.

Die Dimensionen des Zylinders sind in den nachfolgenden beiden Tabellen enthalten, oder vielmehr ihre Differenzen gegen die Maßstäbe h und d, ausgedrückt in Dezimalen einer Einheit, die der 1728. Teil des Moduls, oder des Maßes Nr. 1 ist, oder eine alte Linie.

Tabelle der Höhen:

Radius	11 mm vom Umfang	Auf zwei Drittel des Radius	Mitte des Radius	Mitte
1	$h+0{,}0028$	$h+0{,}0007$	$h+0{,}0008$	
2	$h+0{,}0068$	$h+0{,}0036$	$h+0{,}0043$	$h-0{,}0022$
3	$h+0{,}0083$	$h+0{,}0043$	$h+0{,}0023$	
4	$h+0{,}0068$	$h+0{,}0057$	$h+0{,}0033$	
5	$h+0{,}0032$	$h+0{,}0037$	$h+0{,}0006$	
6	$h-0{,}0043$	$h-0{,}0051$	$h-0{,}0053$	
7	$h-0{,}0104$	$h-0{,}0070$	$h-0{,}0055$	
8	$h-0{,}0145$	$h-0{,}0102$	$h-0{,}0069$	
9	$h-0{,}0157$	$h-0{,}0090$	$h-0{,}0086$	
10	$h-0{,}0148$	$h-0{,}0084$	$h-0{,}0085$	
11	$h-0{,}0088$	$h-0{,}0046$	$h-0{,}0043$	
12	$h-0{,}0039$	$h-0{,}0065$	$h-0{,}0029$	
Mittel	$h-0{,}0037$	$h-0{,}0027$	$h-0{,}0025$	$h-0{,}0022$

Tabelle der Durchmesser:

Parallelen zu den Radien	13mm von der Grundfläche	35mm von der Grundfläche	67mm von der Grundfläche	95mm von der Grundfläche
1 und 7	$d-0{,}0089$	$d-0{,}0054$	$d-0{,}0037$	$d+0{,}0006$
2 und 8	$d-0{,}0053$	$d-0{,}0036$	$d-0{,}0011$	$d+0{,}0017$
3 und 9	$d-0{,}0052$	$d-0{,}0054$	$d-0{,}0028$	$d+0{,}0005$
4 und 10	$d-0{,}0115$	$d-0{,}0087$	$d-0{,}0049$	$d-0{,}0008$
5 und 11	$d-0{,}0142$	$d-0{,}0125$	$d-0{,}0073$	$d-0{,}0027$
6 und 12	$d-0{,}0117$	$d-0{,}0108$	$d-0{,}0075$	$d-0{,}0037$
Mittel	$d-0{,}0094$	$d-0{,}0077$	$d-0{,}0046$	$d-0{,}0007$

Parallelen zu den Radien	148,5 mm von der Grundfläche	176,5 mm von der Grundfläche	208,5 mm von der Grundfläche	230,5 mm von der Grundfläche
1 und 7	$d + 0{,}0060$	$d + 0{,}0087$	$d + 0{,}0110$	$d + 0{,}0153$
2 und 8	$d + 0{,}0059$	$d + 0{,}0086$	$d + 0{,}0117$	$d + 0{,}0158$
3 und 9	$d + 0{,}0052$	$d + 0{,}0082$	$d + 0{,}0121$	$d + 0{,}0162$
4 und 10	$d + 0{,}0054$	$d + 0{,}0081$	$d + 0{,}0110$	$d + 0{,}0151$
5 und 11	$d + 0{,}0039$	$d + 0{,}0070$	$d + 0{,}0098$	$d + 0{,}0160$
6 und 12	$d + 0{,}0019$	$d + 0{,}0059$	$d + 0{,}0080$	$d + 0{,}0148$
Mittel	$d + 0{,}0047$	$d + 0{,}0078$	$d + 0{,}0106$	$d + 0{,}0155$

Man sieht aus der Tabelle der Höhen leicht, daß die beiden Grundflächen weder vollkommen parallel, noch, die eine als eben vorausgesetzt, was erlaubt ist, die andere ebenfalls eben ist. Die Neigung der beiden Grundflächen verursacht keinen Fehler im Volumen, wenn man, wie man es machen muß, die mittlere Höhe von denen die an den beiden Enden eines Durchmessers beobachtet sind, benutzt. Die Krümmung der Grundflächen ist äußerst gering, denn die Höhe der Achse unterscheidet sich von der mittleren Höhe am Rand nur um 0,0015 Teile.

Das Mittel zwischen allen beobachteten Höhen ist $h - 0{,}002\,96$ und mit Rücksicht auf den größeren Einfluß, den natürlich die weiter von der Achse entfernten Höhen bei der Bestimmung des Volumens habe, $h - 0{,}003\,05$. Das erste Mittel ist noch das, welches zwischen der Höhe der Achse und der mittleren Höhe bei 11 mm vom Rande liegt. Man kann also die Höhe, welche man endgültig annehmen soll, zu $h - 0{,}0030$ Teilen ansehen.

Die Tabelle der Durchmesser bietet Schwierigkeiten zweierlei Art. Zunächst beweisen die in verschiedenen Richtungen, aber in gleichem Abstand von der Grundfläche gemessene Durchmesser, daß diese Parallelschnitte keine strengen Kreise sind. Aber der größte Unterschied eines Durchmessers gegen den mittleren Durchmesser des gleichen Kreises erreicht nicht 0,005 Teile. Nimmt man also den größten oder kleinsten Durchmesser an Stelle des mittleren, so begeht man ein Zehntausendstel Fehler im Volumen. Damit braucht man aber nicht zu rechnen, weil er nicht nur aus einer sehr erzwungenen Annahme herrührt, sondern auch den Vorschriften der Geometrie entgegenläuft, und weil es ebenso unmöglich ist, als wenn man die Messungen an anderen Kreisschnitten ausschlösse.

Weiterhin werden die mittleren Durchmesser von einer Grundfläche zur anderen allmählich größer und beweisen, daß der Körper ein wenig konisch ist; ein Umstand, der auf die Genauigkeit des Resultates nur infolge einer kleinen Unregelmäßigkeit in dem Verhältnis, das die Differenzen der Durchmesser einhalten sollten, Einfluß hat Wollte man indessen dieses berücksichtigen, so würde man bald sehen, daß es Größen sind, die man gänzlich vernachlässigen kann.

Der mittlere Durchmesser aller gemessenen ist	$d + 0{,}002025$
Der Durchmesser der einen Grundfläche ist .	$d - 0{,}012498$
Der Durchmesser der anderen Grundfläche ist	$d + 0{,}016548$
Differenz der Durchmesser beider Grundflächen	$0{,}029046$

Um die absoluten Größen zu kennen, mußte man die Längen der Maßstäbe h und d kennen. Man gelangte dazu mittels eines von dem Bürger *Borda* äußerst geistreich ersonnenen Weges. Dreißig Messingmaßstäbe wurden konstruiert. Fünfzehn dieser Maße sehr nahe der Länge von h, die fünfzehn anderen der von d. Die Differenzen der einzelnen Maße gegen h bei den ersten fünfzehn und der anderen fünfzehn gegen d wurden mit dem gleichen Instrument gemessen wie die Unterschiede der Durchmesser des Zylinders gegen die Maße h und d. Diese wiederholt gemessenen Unterschiede ergaben nur Variationen in den Längen, die zwischen den größten und kleinsten Werten 0,0015 Teile erreichen. Das mittlere Resultat aller dieser Messungen ist, daß die Gesamtlänge aller sechzehn Höhenmaße um 0,01425 Teile größer ist, als das Sechzehnfache des Fundamentalmaßes h, und die sechzehn Maße für die Durchmesser um 0,01475 Teile zusammen kleiner sind, als das Sechzehnfache des Fundamentalmaßes d.

Die sechzehn Höhenmaße wurden mit den Enden aneinander auf den Komparator aufgelegt, der zur Vergleichung der großen Platinmaße, die bei den Grundlinien von Melun und Perpignan Verwendung gefunden hatten, diente; und wenn man die Ausdehnungsdifferenzen berücksichtigt, findet man, daß sie bei 17,6° des dezimalen Quecksilberthermometers dem Maß Nr. 1 gleich sind + 0,00116929 des halben Maßes, und die sechzehn Maße für den Durchmesser wurden gleich dem Maß Nr. 1 gefunden — 0,00652783 des halben Maßes.

Die Einzelbeobachtungen entfernen sich, auf die gleiche Temperatur reduziert, von Mittel nur um 0,000006 des halben Maßes für die Höhenmaßstäbe und um 0,000018 des halben

Maßes für die der Durchmesser. Was also nur 0,002 mm Fehler auf die absolute Länge des Hauptmaßes für die Durchmesser ergibt, wenn man nur eine nach außen fallende Messung berücksichtigen wollte. Es ist also überflüssig, ein Wort darüber zu verlieren, welches Vertrauen dieser Teil der Messung bietet.

Aus diesen Angaben berechnet sich die Länge des Maßes h zu 108,064032 Teilen, und die des Maßes d zu 107,64658 Teilen, oder Linien alten Maßes, bei der Temperatur von 17,6°. Daraus folgt die mittlere Höhe des Zylinders zu $h - 0{,}003 = 108{,}061032$ und der mittlere Durchmesser zu $d + 0{,}002025 = 107{,}6486$ Teilen; und da das Meter 443,296 solcher Teile enthält, ist die Höhe des Zylinders 0,2437672 m, und der mittlere Durchmesser 0,2428368 m.

Das Volumen des Zylinders ergibt sich zu 11,2900054 cdm, und zur Reduktion auf den abgestumpften Kegel, entsprechend der Differenz der Durchmesser, die 0,0065 mm beträgt, muß man 0,0674 cmm hinzufügen, eine so kleine Größe, daß man sie unbedenklich vernachlässigen darf.

Der berechnete Raumgehalt des Zylinders ist der bei 17,6°. Man braucht noch sein Volumen, wenn er im Wasser von 0,3° eingetaucht ist. Die Ausdehnung des Messings nach den Versuchen von *Borda* ergibt eine Verminderung seines Volumens um 0,010441 cdm.

Kennt man das Volumen des Körpers, so fehlt nur noch sein Gewicht in Wasser und Luft bekannter Dichte. Dazu brauchte man einen Gewichtssatz höchster Genauigkeit, dessen Einheit willkürlich war. Der Bürger *Lefèvre-Gineau* hat sie aber ungefähr gleich dem Gewicht eines Kubikdezimeters Wassers angenommen, und er hat 11 gleiche Gewichte auf einer Wage geprüft, die bei Belastung mit einem dieser Gewichte für ein Millionstel Übergewicht einen Ausschlag gab, und er hat bei der Vergleichung der Gewichte mit dem mit Nr. 1 bezeichneten keinen größeren Unterschied als fünf Millionstel mehr oder weniger gefunden. Es sei hier ein für alle Mal bemerkt, daß die verschiedenen Wägungen Substitutionswägungen waren, derart, daß das zu prüfende Gewicht oder der zu wägende Körper in Gleichgewicht mit einer Masse auf der anderen Schale gebracht wurden, und daß dann die Gewichte auf diese Schale gesetzt wurden, an Stelle des zu wägenden Körpers, bis man das Gleichgewicht bei gleichem Gegengewicht wie vorher gefunden hatte, eine Methode, die nicht nur eine größere Genauigkeit in sich selbst bietet, sondern die Messung auch zum Teil unabhängig von der Konstruktion der Wage macht. Der Bürger *Lefèvre-Gineau* hat auch sogar darauf acht gegeben, daß der Schwerpunkt der Massen auf den Wageschalen mit den Mitten dieser zusammenfielen.

Die Unterteilungen der Gewichte, die Zehntel, Hundertstel usw. bis zu den Millionsteln wurden untereinander geprüft, um sich ihrer Gleichheit zu versichern, und alle Zehntel zusammen mit dem Zehnfachen dieser Einheit, um ihre Verhältnisse festzustellen. Die Hundertstel, Tausendstel usw. haben höchstens ein halbes Millionstel Unsicherheit.

Der Zylinder ist derart konstruiert, daß er nur um eine Wenigkeit schwerer ist als das Wasser, damit sein Gewicht bei der Wägung in Luft so gering wie möglich sei, er aber durch sein eigenes Gewicht in Wasser unterginge. Da er hohl ist, mußte der Mechaniker bei der Konstruktion darauf achten, ihn im Inneren mit einer Versteifung zu versehen, damit der Druck des Wassers nicht sein Volumen ändere; eine Befürchtung, die übrigens nur für die Grundflächen bestand. Daher haben die verschiedenen Wägungen in Wasser, die der Bürger *Lefèvre-Gineau* bei verschiedenen Eintauchtiefen ausführte, keine Gewichtsdifferenz ergeben; ein Beweis dafür, daß weder der Zylinder, noch das Wasser durch den Wasserdruck in diesen Tiefen kompressibel waren.

Die Wägungen im Wasser wurden zuerst angestellt, um die Wage nicht durch anfängliche Wägungen mit großen Belastungen zu beschädigen. An dem Zylinder war eine metallene Röhre von 1,285 mm Durchmesser angeschraubt, die zur Kommunikation der äußeren Luft mit der inneren auch bei der Wasserwägung diente. Die obere Grundfläche des Zylinders war 43 mm unter dem Wasserspiegel, und das Volumen des eintauchenden Teiles der Röhre war infolgedessen 55,77 cmm. Das Volumen des metallischen Teiles des Zylinders war aus seinem Gewicht und dem spezifischen Gewicht des Messings zu 1,506 cdm berechnet. Der innere leere Teil beträgt also 9,774 cdm. Das destillierte Wasser, in welchem der Zylinder gewogen werden sollte, war derart abgekühlt, daß man das Gefäß, welches es enthielt, dauernd mit gestoßenem Eis umgeben hielt. Trotz der Mühe, die sich der Bürger *Lefèvre-Gineau* gab, den Schmelzpunkt zu erhalten, konnte er die Temperatur doch nicht unter 0,2° herunterdrücken, und die Mitteltemperatur des Wassers ist nach seinen Angaben 0,3°.

Das Mittel der 36 Wägungen bei der Mitteltemperatur von

0,3° und auf 757,7 mm Barometerstand reduziert, ergibt als scheinbares Gewicht des Zylinders im Wasser 0,209419. Die Einzelmessungen schwanken bis zu 45 Millionstel der Einheit. Das Gewicht der Luft im Inneren des Zylinders ist, unter der Annahme einer gleichen Temperatur wie das Wasser, gleich 0,0126167; es bleibt also für das Gewicht des luftleeren Zylinders bei der Wägung in Wasser 0,1968023. Dieses ist aber das Gewicht bei einer Wägung in Luft, die es um 0,0000355 vermindert, man erhält also 0,1967668 als Gewicht, das genügen würde, den Zylinder im Wasser zu equilibrieren, bei einer Wägung im leeren Raum.

Nimmt man das Mittel der 48 Wägungen des Zylinders in destilliertem Wasser, die ohne Korrektion ein Gewicht von 0,2094302 ergeben, so findet man, auf 757,2 mm Barometerstand reduziert, 0,2094056, ein Resultat, das sich von dem vorigen um rund 0,00002 unterscheidet. Wir halten uns also an das erste, das nur ausgewählte Beobachtungen aus den 48 enthält.

Aus 53 Versuchen über das Gewicht des Zylinders in Luft fand man im Mittel ein Gewicht von 11,4660055, eine Größe, an der keine Korrektion anzubringen ist, um das Resultat zu erhalten, da die Messungen gewissermaßen im leeren Raum angestellt sind, falls das Gewicht aus dem gleichen Material wie der Zylinder ist, dessen Inneres mit der Außenluft kommuniziert. Die größten Unterschiede der Einzelbeobachtungen erreichen nur 46 Millionstel.

Bildet man die Differenz zwischen dem Gewicht des Zylinders in Luft und im Wasser, nach Anbringung obiger Korrektionen, so findet man das Gewicht eines dem Volumen des Zylinders gleichen Volumens Wasser zu 11,2692387. Das Volumen des Zylinders ist, nach Anbringung der Korrektionen wegen seines Zusammenziehens im kalten Wasser und des eintauchenden Metallrohrs, 11,2796202 cdm. Daraus folgt, daß das Kubikdezimeter destillierten Wassers bei 0,3° im leeren Raum 0,9990796 des bei den Versuchen verwendeten Gewichts wiegt.

Aus den Versuchen, die der Bürger *Lefèvre-Gineau* mit dem Zylinder angestellt hat, indem er ihn in Wasser bei verschiedenen Temperaturen wog, ergab sich, daß ein Volumen Wasser gleich dem des Zylinders, bei seiner größten Dichte 0,00144 mehr wiegt als bei der Temperatur 0,3°[19]); und obwohl die Temperatur sich um einen viertel Grad ändern kann, wenn das Wasser sich in der Nähe seiner größten Dichte befindet, ändert sich das Gewicht dieser 11,27 cdm kaum um 0,00001. Der Bürger *Lefèvre-Gineau* wird seine Beobachtungen hierüber veröffentlichen. Wir sind genötigt, zuviel Einzelheiten zu vermeiden, und können nur das Resultat angeben, nach dem das Gewicht des Kubikdezimeters Wasser von 0,3° noch um 0,00012757 vermehrt werden muß, um das beim Maximum der Dichte zu erhalten, das dann 0,9992072 ist[20]).

Dieses ist die Beziehung, die man finden mußte. Denn nach den bei den Versuchen verwendeten Gewichten wird die Gewichtseinheit angefertigt werden. Indessen muß man noch das Verhältnis des neuen Gewichtes zu dem bisher in Frankreich gebräuchlichen Markgewicht feststellen.

Der Bürger *Lefèvre-Gineau* hat infolgedessen die Vergleichung des Markgewichtes nach dem sogenannten Gewicht Karls des Großen ausgeführt und hat gefunden, daß die 50 Mark, die das ganze Gewicht ausmachen, 12,227944 des benutzten entsprechen. Die neue Einheit ist also 18842,088025 Gran, in Markgewicht. Daraus folgt, daß das wahre Kilogramm oder das Kubikdezimeter destillierten Wassers größter Dichte 18827,15 Gran im leeren Raum wiegt.

Für den Kubikfuß Wasser größter Dichte findet man entsprechend das Gewicht zu 645343 Gran oder 70 Pfund 223 Gran in Markgewicht. Und bei Wasser von 0,3° wiegt der Kubikfuß 645261 Gran oder 70 Pfund 141 Gran, ein Gewicht, das noch um 13 Gran vermindert werden muß, wenn das Wasser die Temperatur des schmelzenden Eises hätte. Die Bürger *Lavoisier* und *Hauy*, die sich mit der Bestimmung des provisorischen Gewichtes beschäftigt hatten, haben als Gewicht des Kubikfußes Wasser bei der Schmelztemperatur 70 Pfund 60 Gran gefunden.

Nach der sehr eingehenden Prüfung, die die speziell mit dieser Arbeit beauftragten Kommissare mit den Messungen des Bürgers *Lefèvre-Gineau* vorgenommen haben, kann es für diese nicht zweifelhaft sein, daß diese Versuche, die von den in der Beobachtungskunst so geschulten Physikern, wie die Bürger *Lefèvre-Gineau* und *Fabbroni*, angestellt sind, den höchsten Grad der Genauigkeit besitzen, den wir augenblicklich erreichen können.

Wir sehen also auch das Gewicht des neuen metrischen Systems als definitiv festgelegt an. Diese Einheit beendet den von Versuchen abhängigen Teil. Die anderen Einheiten, der Zeit, der Geschwindigkeit, für Münzen, sind Einheiten, die man nach Definitionen festlegen kann, die keine Schwierigkeiten bereiten. Die Gesellschaft wird keinen Augenblick zögern, die Verdienste eines Systems anzuerkennen, in welchem alles der Natur entnommen ist, und das eine Einfachheit besitzt, wie sie in keinem anderen System existiert, obwohl sie so festgesetzt sein sollten, daß sie die denkbar größte Bequemlichkeit für die Allgemeinheit besitzen[21]).

Ausgefertigt im Nationalpalast am 11. Prairial des Jahres 7.

Gez. *Laplace*, *Lagrange*, *Buisson*, *Darcet*, *Tralles*, *Méchain*, *Coulomb*, *Van Swinden*, *Multedo*, *Legendre*, *Pedrayes*, *Vassalli*, *Aeneae*, *Mascheroni*, *Fabbroni*.

Definitives Meter.

Borda schlug vor, das definitive Meter durch die gleichen Mittel zu bestimmen, die er mit so gutem Erfolg bei der des provisorischen angewendet hatte. Man hat tatsächlich gesehen, daß sich unter den vier ein wenig ungleichen Metern, die man hatte herstellen lassen, eines befand, das sich nur um 0,00432 Linien von dem durch die Rechnung gegebenen Meter unterschied, und das man provisorisch annehmen wollte[22]).

Die Kommission, die sich zu dieser schwierigen Aufgabe bei *Lenoir* versammelt hatte, besprach zuerst die Methoden von *Borda* und *Brisson*. Man fand sie zu kompliziert. Man wollte eine Genauigkeit von ein Tausendstel Linie erhalten und glaubte, daß der Nonius des Komparators diesen Bruchteil nicht genügend sicher angeben könne. Der Verfasser der Geometrie des Zirkels, *Mascheroni*, wollte ihn durch eine geometrische Konstruktion auf einem Stahlmaß ersetzen, das sich in den Händen von *Lenoir* befand. Das Mittel war theoretisch brauchbar, die tatsächliche Anwendung unmöglich. *Lenoir* versprach die Anfertigung eines Komparators, der Tausendstel Linien geben sollte. Er ist dem ganz ähnlich, den er später für das Kaiserliche Observatorium ausführte. Der einzige Unterschied ist der, daß der Komparator, der für das definitive Meter gedient hat, Tausendstel einer Toise, und für das Observatorium fünf Hunderttausendstel eines Meters angab.

Die Kommission begann, durch dieses Mittel zufriedengestellt, mit der Prüfung der Toisen und des Platinmaßes Nr. 1. Sie nahmen mehrere Messungen über die relative Ausdehnung von Eisen, Messing und Platin vor und blieb davon überzeugt, daß die Messungen der Ausdehnung von *Borda*, die dieser in großer Zahl angestellt hatte, eine unübertreffliche Genauigkeit besaßen.

Lenoir fertigte dann zwölf Meter aus Eisen und zwei aus Platin. Es genügte nicht, ein Mittel gefunden zu haben, die Maße untereinander zu vergleichen und ihre Differenzen auf weniger als ein Tausendstel einer Linie festzustellen, man mußte auch nach dem Prinzip von *Borda* zwei Toisen mit vier Metern und den Hilfsstrecken vergleichen können, damit der bei der Vergleichung begangene Fehler von viermal kleinerem Einfluß auf das Meter sei, das als Modell dienen sollte.

Zu diesem Zwecke braucht man ein Hilfsstück, das viermal 11,296 Linien oder 45,184 Linien lang sein mußte, den Betrag um den vier Meter länger als eine Doppeltoise ist.

Lenoir führt dieses Stück mit einer Genauigkeit aus, mit der sich die Kommission befriedigt erklärte. Er schlug außerdem vor, 19 ganz gleiche Stücke anzufertigen, die untereinander völlig übereinstimmten, derart, daß sie, auf den Komparator mit den Enden aneinander in gerader Linie aufgelegt, eine Länge von 858,496 Linien bildeten, d. h. 5,504 Linien weniger als eine Toise.

Um diese Differenz festzustellen, bediente man sich des Komparators. Der Gesamtfehler konnte nicht ein Zweihunderttausendstel einer Toise überschreiten. Der Fehler jedes einzelnen Stückes war neunzehnmal kleiner, unter der Annahme, daß sie alle vollkommen gleich waren. Das erforderte noch eine Prüfung.

Lefèvre-Gineau und *Lenoir* unterzogen sich gemeinsam dieser zeitraubenden Arbeit und verglichen sie mit der größten Sorgfalt untereinander. Sie waren numeriert, und Nr. 7 hatte mittlere Länge. Dieses Stück an die beiden Toisen angesetzt, wurde mit je vier der zwölf Meter verglichen. Das Meter Nr. 2 erwies sich von verlangter Länge und diente dann zur Prüfung der anderen. Sie wurden alle so vollkommen gleich befunden, daß die Verteilung unter die Kommissare ohne Unterschied stattfand, und ohne Berücksichtigung der Nummern.

Die Kommission beschloß in richtiger Würdigung des Eifers und der Leistungen von *Lenoir*, daß dieser ausgezeichnete Mechaniker bei der Überreichung der Normale an die Regierung sich ihr anschließen sollte. Den gleichen Beweis ihrer Befriedigung und Achtung gab sie *Fortin*, und man hat ihre Namen bei denen der Kommissare in dem Schriftstück über die Deponierung in den Archiven gefunden.

Wir erwähnten zwei Platinmeter: das eine wurde in den Archiven des Reiches am 4. Messidor des Jahres 7 (22. Juni 1799) mit dem ersten Normalkilogramm aus Platin deponiert. Das zweite Meter und das zweite Kilogramm wurden nach sorgfältigen Vergleichungen im Kaiserlichen Observatorium deponiert. Das Protokoll der Vergleichungen wurde in der Connaissance des temps von 1808 publiziert; es soll hier folgen:

Vergleich der Normale für das Meter und Kilogramm in den Archiven mit denen im Observatorium.

In Ausführung des Artikels II des Gesetzes vom 18. Germinal des Jahres III hatte das Institut dem Gesetzgebenden Körper am 4. Messidor VII die Platinnormale des Meters und Kilogramms überreicht und in den Archiven am folgenden Tag deponiert, damit man sie, wie das Gesetz sagt, zu allen Zeiten prüfen könne.

Ein Erlaß der Verwaltung hatte dann angeordnet, daß die Platinnormale und alle Instrumente die zur Bestimmung der beiden Fundamentaleinheiten des metrischen Systems gedient hatten, in dem Kaiserlichen Observatorium deponiert werden sollten, unter der Obhut des Bureau des Longitudes, dessen Mitglieder einen so großen Anteil an allen Arbeiten genommen hatten. Es war zweckmäßig, daß man diesem ein Meter und ein Kilogramm beigab, zur Verwendung bei den Prüfungen von Maßen, die die Gelehrten bei ihren feinsten Arbeiten brauchen würden, ohne daß sie gezwungen wären, sich so häufig an die Archive zu wenden.

Lenoir und *Fortin*, die die ersten Normale hergestellt hatten, hatten alle Stücke und Instrumente aufbewahrt, deren sie sich bedient hatten, um die Genauigkeit der ursprünglichen Normale zu sichern. Sie wurden beauftragt, mit den gleichen Mitteln neue Normale herzustellen, die ebenso zuverlässig sein sollten, und die man täglich zur Hand haben könnte.

Um wirklich die gleiche Zuverlässigkeit zu erhalten, mußte man sie mit größter Sorgfalt mit den ursprünglichen Normalen vergleichen, und es war überdies sehr interessant zu erfahren, mit welcher Genauigkeit diese berühmten Künstler sie den ursprünglichen Normalen gleich machen konnten, die vor mehreren Jahren aus ihren Händen hervorgegangen waren.

Diese Vergleichungen wurden mit dem Komparator von *Lenoir* ausgeführt, der jetzt im Observatorium deponiert ist, und mit der Wage von *Fortin*. Es geht daraus hervor, daß die neuen Normale genau den alten entsprachen, oder wenigstens, daß die Differenzen, die man finden konnte, so klein sind, daß man sie nicht messen kann, und daß sie unter der

Grenze der Fehler liegen, die man bei den besten Beobachtungen nicht vermeiden kann. Die neulich im Observatorium deponierten Normale können also an die Stelle derer treten, die in den Archiven sich befinden, und verdienen das gleiche Vertrauen.

Man hat das Protokoll dieser Vergleichungen doppelt ausgefertigt, das eine ist in den Archiven geblieben, das andere im Observatorium deponiert, mit dem Original der Beobachtungsprotokolle, das von allen denen, die an den Beobachtungen teilgenommen haben, unterzeichnet ist. Das Bureau des Longitudes hat diese Protokolle veröffentlichen zu müssen geglaubt, als neuen Beweis für die Sicherheit der für die Anfertigung der verschiedenen Maße verwendeten Mittel, und man wird keiner anderen Meinung sein als die Kommission, wenn man nach einem Zeitraum von sechs bis sieben Jahren so genau zu den gleichen Größen hat kommen können. Folgendes sind die Protokolle:

Protokoll über die Vergleichung der Kilogramme.

Am 18. Nivôse des Jahres XIII begaben sich die Unterzeichneten, *Louis Lefèvre-Gineau*, *J.-B. J. Delambre*, *Gaspard-François Claire-Marie Prony*, sämtlich Mitglieder des Nationalinstituts und der ehemaligen Kommission für Maß und Gewicht, *Jean Charles Burckhardt*, vom Nationalinstitut, *Nicolas Fortin*, Präzisions-Mechaniker, mit der Herstellung der Normalkilogramme und der für die Bestimmung der neuen Gewichte verwendeten Instrumente beauftragt, nach den Nationalen Archiven, im Palast des Gesetzgebenden Körpers und schritten dort, in Gegenwart von *Pierre Belleyme*, Chef des Topographischen Bureaus zur Vergleichung eines Platinnormalkilogramms, das das Bureau des Longitudes aufbewahrt, und das kürzlich durch *Fortin* fertiggestellt war, mit dem ersten Normalkilogramm, das in den Nationalen Archiven im Messidor des Jahres VII deponiert ist. Das Resultat der Vergleichung war, daß das Kilogramm des Bureau des Longitudes ein wenig schwerer ist als das in den Archiven deponierte, und zwar um weniger als ein Milligramm, d. h. den tausendsten Teil des Kilogramms, eine Größe, die wir trotz der großen Genauigkeit der Wage, die wir benutzten, nicht zahlenmäßig angeben können. Die Wage ist die gleiche, mit der die Kommission für Maß und Gewicht alle auf das Normalkilogramm sich beziehenden Wägungen ausgeführt hat.

Doppelt ausgefertigt in den Nationalen Archiven, am gleichen Tage des Jahres wie oben. Die Versuche wurden um 1 Uhr begonnen und um $3\,{}^1/_2$ Uhr beendet. Die eine der Kopien ist in den Nationalen Archiven verblieben, die andere wird im Bureau des Longitudes deponiert werden.

Gez. *J.-B. J. Delambre*, *Lefèvre-Gineau*, *Prony*, *Burckhardt* und *Belleyme*.

Protokoll über die Vergleichung der Meter.

Wir Unterzeichnete, Mitglieder des Bureau des Longitudes, Kommissare für die Prüfung des Meters, haben uns am 26. Juni 1806 in den Nationalen Archiven versammelt, um dort die Vergleichung der beiden Normalmeter aus Platin auszuführen, von denen das eine in obigen Archiven, das andere im Kaiserlichen Observatorium deponiert ist. Dort haben wir von $1\,{}^1/_2$ Uhr bis 3 Uhr, während die Temperatur sich nur von 22,8 bis 23° des hundertteiligen Thermometers änderte, mit einer großen Anzahl von Wiederholungen die beiden Meter auf dem neuen Komparator von *Lenoir* miteinander verglichen, in Gegenwart von *Belleyme*, Chef des Topographischen Bureaus, und *Lenoir*, Vater und Sohn, und wir haben als endgültiges Resultat erhalten, daß die beiden Meter sich um weniger als ${}^1/_{600\,000}$ *) unterscheiden. Von diesen erscheint das aus den Archiven kürzer als das des Observatoriums. Aber da diese Größe so klein ist, daß man sie durch die Beobachtung nicht sicher erhalten kann, so nehmen wir an, daß man die beiden Maße als vollkommen gleich betrachten kann.

Ausgefertigt in den Archiven des Reiches zur oben angegebenen Zeit.

Die Messungen sind alle in der Achse des Meters, d. h. in der Mitte ihrer Endflächen ausgeführt.

Gez. *Delambre*, *Prony*, *Bouvard*, *Burckhardt* und *Belleyme*.

---

*) ${}^1/_{600\,000}$ der Länge des Meters $= \frac{1000\text{ mm}}{600\,000} = \frac{1}{600}$ mm, d. h. weniger als der 1200. Teil einer Linie. Wir bemerken noch, daß das Meter und das Kilogramm des Observatoriums am Abend vorher in die Archive gebracht waren, damit sie die gleiche Temperatur wie die Normale der Archive annehmen konnten.

Anmerkungen.

Das vorliegende Werk: »Base du système métrique décimal, ou mesure de l'arc du méridien compris entre les parallèles de Dunkerque et Barcelone, exécutée en 1792 et années suivantes, par MM. Méchain et Delambre, Redigée par M. Delambre etc. .. erschien in Paris in drei Bänden in den Jahren 1806, 1807 und 1810. Der dritte Band ist unvollständig, bzw. es fehlt ein vierter Band, da die gesamten Messungsergebnisse über die Festsetzung der Masseneinheit, die Beschreibung der dazu benutzten Instrumente niemals veröffentlicht sind. Ein Teil der Kupfertafeln dafür lag schon gedruckt vor und ist zum Teil in dem den historischen Teil des ganzen metrischen Systems vorzüglich behandelnden Werk von *G. Bigourdan*: »Le système métrique des poids et mesures«, Paris 1901 mitgeteilt. Durch ausführliche Referate ist indessen dem Mangel an Originalmitteilungen mit Beobachtungsdaten, wenn auch nur teilweise abgeholfen, und damit eine gewisse Vollständigkeit erreicht. Die in dem vorliegenden Bändchen gleichfalls enthaltene Abhandlung: »Expériences pour connaître la longueur du pendule qui bat les secondes à Paris par MM. Borda et Cassini ist ein Teil des dritten Bandes, der von den übrigen Abschnitten etwas isoliert dasteht und zur Verbindung der damaligen zwei Vorschläge über die Festsetzung der Längeneinheit dient.

Die beiden Herausgeber dieses großen Werkes kann man wohl nicht als »Klassiker« ihrer Wissenschaften bezeichnen. Die Ausführung des riesigen Arbeitsprogramms, die Unzahl neuer Ideen, die dabei entwickelt wurden und in dem Werke niedergelegt sind, alles dies stammt nur zum Teil von ihnen, es ist vielmehr das Ergebnis von Verhandlungen, an denen die führenden Geister der damaligen Zeit auf diesem Gebiet teilgenommen haben. Es ist weniger ein Werk von *Méchain* und *Delambre*, als ein Werk der zahlreichen Kommissionen, die zur Ausführung der Arbeit ernannt waren. Welche bedeutenden Forscher diesen angehörten, ist aus dem Text zu ersehen, und damit ist wohl auch die Aufnahme des Werkes in diese Sammlung begründet.

Die Auswahl der Abschnitte ist derart erfolgt, daß alle irgend entbehrlichen Teile, die umfangreiche theoretische Erörterungen, Berechnungen, Beobachtungsergebnisse etc. . . enthalten, fortgelassen oder nur so weit aufgenommen sind, als sie zum Verständnis der historischen Entwicklung dieser ersten umfangreichen Präzisionsmessung, die noch dazu unter den denkbar schwierigsten äußeren Verhältnissen durchgeführt wurde, erforderlich sind, oder allgemeinere Betrachtungen bringen. Etwas mehr Platz ist den Erörterungen über die Abweichung des angenommenen Meters von seinem Definitionswert eingeräumt; die Messung der Pendellänge ist in vollem Umfang mitgeteilt, da sie als Vorläufer der Arbeiten von *Biot* und *Arago*, und hauptsächlich von *Bessel*, ein viel weitergehendes Interesse bietet. Der Herausgeber hofft, mit dieser Auswahl eine ausreichende Übersicht über das breit angelegte Werk, soweit es für uns noch von Interesse ist, in knappster Form zu bieten.

Pierre François André Méchain wurde am 16. August 1744 in Laon geboren. Er war zunächst Hauslehrer bei einem Edelmann in der Picardie und wurde dann durch *Lalandes* Vermittlung Astronome hydrographe des Dépôts de la Marine in Versailles. 1782 wurde er Mitglied der Akademie, dann auch des »Institut«, des »Bureau des Longitudes« und Astronom an der Pariser Sternwarte; er starb, noch mit Arbeiten über die Meridianmessung beschäftigt, an den Folgen eines dabei erlittenen Unfalles und an Überarbeitung leidend am 20. September 1804 in Castellon de la Plana bei Valencia. Jener auf S. 31 erwähnte Unfall bestand darin, daß er bei einer Besichtigung einer Pumpenanlage, einem Freunde, der in das Getriebe geraten war, zu Hilfe kommen wollte, selbst erfaßt wurde, und sich mehrfache Knochenbrüche zuzog. Von seinen Hauptwerken sei der Bericht über die Messungen zur Verbindung der Sternwarte von Greenwich und Paris erwähnt, den er zusammen mit *Cassini* und *Legendre* veröffentlichte, die Neuherausgabe des Atlas céleste von *Flamsteed* zusammen mit *Lalande*. Von 1786 bis 1796 war er Redakteur der Connaissance des Temps. Er hat 11 Kometen entdeckt.

Jean Baptiste Joseph Delambre wurde am 19. Sept. 1749 in Amiens geboren. Er war zunächst Hauslehrer in Paris. Späterhin wurde er Mitglied der Akademie und dann des »Institut«, auch dort Sekretär. Er war auch Mitglied des »Bureau des Longitudes« und nach *Lalandes* Tod (1807) Professor der Astronomie am »Collège de France«. Er starb am 19. August 1822 in Paris. Seine Hauptwerke sind Sonnen-, Jupiter-, Saturn- und Uranustafeln, eine theoretische und praktische Astronomie, eine Finsternistafel der Jupitertrabanten, eine vollständige Geschichte der Astronomie, die viele interessante Einzelheiten zu dem vorliegenden Werk enthält, und eine Geschichte der Erdmessung.

Jean Charles Borda wurde am 4. Mai 1733 in Dax (Dep. Landes) geboren und war Kapitain der franz. Flotte, dann Divisionschef im Marineministerium, bereits seit 1754 Mitglied der Akademie und dann des »Institut«. Er starb am 20. Februar 1799 in Paris. Seine Hauptarbeiten sind die Konstruktion eines Repetitions- und eines Reflexionskreises, die Berechnung einer trigonometrischen Tafel, die *Delambre* herausgegeben hat, eine Reihe von Abhandlungen über hydraulische Fragen, besonders über den Widerstand von Flüssigkeiten, weiter über die Flugbahn der Geschosse in der Luft, sowie eine Methode zur Messung der Refraktion. Daneben seien noch die vielfachen Arbeiten im vorliegenden Werke erwähnt.

Jaques Dominique Cassini, comte de Thury, wurde am 30. Juni 1748 in Paris geboren. 1779 wurde er Mitglied der Akademie und war bis 1793 Direktor der Pariser Sternwarte. Als Gegner der Republik wurde er ins Gefängnis geworfen, kam aber nach einigen Monaten frei und wurde später Mitglied des »Bureau des Longitudes« und des »Institut«. Den Schluß seines Lebens verbrachte er auf seinem Gut Thury sur Clermont, wo er am 18. Oktober 1845 starb. Mit seinem Sohn starb das berühmte Astronomengeschlecht aus. Außer dem schon oben erwähnten Werk sei noch seine Beschreibung und Gebrauchsanweisung für den *Borda*schen Repetitionskreis erwähnt, eine Reihe magnetischer Abhandlungen, sowie über Geschichte der Wissenschaft und der Sternwarte in Paris, und die Biographie seines Großvaters gleichen Namens. Sein Hauptwerk ist die Vollendung der von seinem Vater begonnenen Karte von Frankreich.

Das Hauptinstrument für alle geodätischen und astronomischen Winkelmessungen war der *Borda*sche Repetitionskreis. Es ist ein Instrument nach Art der modernen Universalinstrumente. Die benutzten besaßen Kreise von 21, bzw. 18 cm Durchmesser mit Teilung in zehnteldezimale Grade, also in

4000 Teile. Ein Fernrohr war fest mit dem Teilkreis verbunden, ein zweites war über diesem drehbar und trug gleichzeitig 4 um je 90° voneinander entfernten Ablesenonien. Im allgemeinen maß man in dieser Anordnung doppelte Winkel. Teilfehler der Kreise, die *Delambre* zu maximal 12″ angibt, wurden anscheinend nicht berücksichtigt; die Ablesung der Nonien gab als äußerstes 3″, so daß der Fehler einer Beobachtungsreihe nach seinen Angaben 15″ dividiert durch die Anzahl der Einstellungen ist. Die Kreise konnten in beliebigen Neigungen festgestellt werden.

Die Basisstangen von *Borda* waren Doppeltoisen (1 Toise = 1,949 m = 864 Linien, 12 Linien = 1 Zoll, 12 Zoll = 1 Fuß, 6 Fuß = 1 Toise) aus Platin mit darübergelegtem Messingstab, der mit dem Platinstab an einem Ende fest verbunden war und als Metallthermometer diente. Die Ablesung dieses erfolgt mittels eines Nonius am anderen Ende. An diesem Ende befanden sich eine verschiebbare Zunge, die zum Anschluß an die folgende Stange diente. Die Konstruktion ist in der Hauptsache die gleiche wie bei dem in dem Abschnitt über die Pendelmessung beschriebenen Maßstab. Die Nonien der Zunge und des Metallthermometers gaben maximal 3 bis 4 Millionstel der Gesamtlänge, womit also die Stangenlänge, abgesehen von der Temperatur, auf etwa 0,01 mm zu erhalten war. Da weiterhin einem Teil des Metallthermometers 0,9 Teile der Zunge entsprechen, kommt dazu noch eine etwa gleich große Unsicherheit wegen der Temperaturbestimmung. Der zu allen Längenmessungen verwendete Komparator von *Lenoir* war nach dem Prinzip des Fühlhebels gebaut. Bei der Vergleichung zweier Maßstäbe (es handelt sich hier wie überall im ganzen Werk um Endmaße), die sich um höchstens 2 mm unterschieden, soll er maximal 0,0005 mm, in anderen Fällen nur 0,02 bis 0,007 mm geliefert haben.

Eine eingehende Beschreibung der Kreise und der Basisstangen durch *Delambre*, des Komparators durch *Prony*, und der Untersuchung der Maßstäbe durch *Borda* (wobei trotz seiner eifrigen Mitarbeit *Lavoisier* niemals erwähnt ist) ist in dem Werke enthalten, hier aber wegen ihres geringen Interesses nicht aufgenommen. Der *Borda*sche Kreis sowie die Basisstangen sind auch in dem Werk von *J. A. Repsold*: Zur Geschichte der astronomischen Meßwerkzeuge von *Purbach* bis *Reichenbach*. 1908, besprochen.

1) *Zu S. 13.* Den ersten tatsächlichen Anstoß zur Schaffung eines einheitlichen Maßsystems hat wohl *Talleyrand*, Bischof von Autun, durch seinen Antrag in der Konstituierenden Versammlung gegeben. Etwa zur gleichen Zeit stellte *Sir John Miller* im englischen Unterhause einen ähnlichen Antrag und schlug das Sekundenpendel unter 45° als Einheit vor. In den Vereinigten Staaten von Amerika machte *Jefferson* einen gleichen Vorschlag, aber mit 38° als mittlerer Breite dieser. Von *Talleyrand* stammt auch die Idee, durch Hinzuziehen von England das Maßsystem universell zu machen.

2) *Zu S. 18.* Die Angaben über die Materialien der Metallthermometer, des Versuchskörpers für die Bestimmung der Masseneinheit, mehrerer Hilfsmaße schwanken im Verlauf des Werkes zwischen Kupfer (cuivre) und Messing (laiton). Es läßt sich nicht sicher feststellen, welches Metall tatsächlich verwendet ist, soweit die Teile nicht noch vorhanden sind. Auch die Ausdehnungskoeffizienten geben keinen Anhalt, da sie für beide Materialien nahe gleich sind. Vermutlich wird es wohl meistens keines von beiden, sondern Bronze gewesen sein.

3) *Zu S. 31.* Der Plan der Verlängerung des Meridians bis zu den Balearen (Formentera) stammt von *Méchain*, der bereits einen Teil der Winkel gemessen hatte. Damit hatte man den Vorteil, daß der Bogen von Formentera bis Greenwich (die Strecke Dünkirchen-Greenwich war von dem englischen General *Roy* gemessen) auf 13,2° anwuchs, und seine Mitte bei 45° 3′ lag, ein Umstand, der die Bestimmung des Meters unabhängig von jeder Annahme der Abplattung macht. Über die Berechnung dieser aus dem ursprünglichen Bogen vergleiche man den Text. Als tatsächlicher Wert für die Abplattung wurde der benutzt, der sich unter Zuhilfenahme der Messungen von *Bouguer* und *Lacondamine* in Peru ergab.

4) *Zu S. 43.* Die Tabelle der verschiedenen Maßbezeichnungen ist für eine Übersetzung insofern sehr schwierig, als es sich zum Teil um völlig neugebildete Ausdrücke handelt, die kaum jemals in Gebrauch gewesen sind. Ich habe sie deswegen ohne Übertragung übernommen und, soweit einigermaßen, manchmal auch nur in der Größenordnung, übereinstimmende Bezeichnungen der älteren deutschen Maßverwirrung mir bekannt waren, diese in Klammern beigefügt.

Die sich hier anschließende Übersicht über Beobachtungs- und Rechenmethoden, die Originale sämtlicher Beobachtungen, sowie die Berechnung des Meridianbogens ist ausgelassen.

---

5) *Zu S. 71.* Die Hauptformel, nach der die Meterlänge in ihrer Abhängigkeit von der Abplattung berechnet wird, wird in aller Ausführlichkeit mit vielen anderen nebensächlichen Reduktionsformeln im II. Bd. abgeleitet. Da sie nichts wesentlich Interessantes bietet, sei auf sie verzichtet. Sie wird aus der Bogenlänge der Ellipse, unter der Berücksichtigung, daß die Breitenmessungen scheinbar auf einer Kugel gemacht sind, durch Entwicklung in eine schnell konvergierende Reihe abgeleitet. L' und L bedeuten die astronomisch bestimmten Breiten der Bogenenden: $A' - A$ seine geodätisch gemessene Länge, e die Exzentrizität und a die Abplattung der Meridianellipse; die Zahl 0,0000864 dient zur Umrechnung des in Toisen gemessenen Meridianquadranten in Linien.

6) *Zu S. 76.* Im Original befindet sich hier ein belangloser Rechenfehler; der tatsächliche Unterschied der Meridianquadranten ist 28,51 Toisen.

7) *Zu S. 77.* Die Berechnung der Abplattung ist unverständlich. Das quadratische Glied der zweiten Zeile ist 317,4893 a^2 und nicht 317,3991 a^2. Eine Erklärung konnte ich dafür nicht finden. Auf das Resultat ist es übrigens ohne Einfluß. Die Stelle ist dem Original entsprechend mitgeteilt. Nur Druckfehler sind hier wie an sehr vielen anderen Stellen verbessert, soweit dieses überhaupt manchmal möglich war.

8) *Zu S. 83.* Die Breitenbestimmungen von *Bouguer* und *Lacondamine* sind bedeutend verkürzt mitgeteilt, so daß nur die Resultate der einzelnen Messungen erhalten geblieben sind.

9) *Zu S. 94.* Hier ist ein an einer späteren Stelle abgedruckter Abschnitt angefügt, der sich direkt anschließt.

10) *Zu S. 97.* Der Artikel ist anonym erschienen.

11) *Zu S. 102.* Der Schluß lautet im englischen Original anders: »Die Zeiten sind einem solchen Opfer nicht günstig. Das Unheil, das die Übermacht und Maßlosigkeit Frankreichs Europa gebracht haben, veranlaßt uns, mit Eifersucht und Mißtrauen ihre harmlosesten und löblichsten Handlungen zu verfolgen. . .« Ob diese Verstümmelung des Textes Absicht war?

Die Arbeit von *Borda* und *Cassini* enthält zum erstenmal die praktische Anwendung der sogenannten *Borda*schen Koinzidenzmethode, eine Methode, deren Gedanken schon klar von *Boscovich* ausgesprochen ist (Opera Bd. V S. 202). Richtiger dürfte die Methode also nach ihm zu benennen sein. Von *Borda* ist sie indessen wohl zuerst praktisch erprobt. (Vergl. dazu z. B Collection de Mémoires relativs à la Physique IV; *C. Wolf*: Mémoires sur la pendule S. XII).

12) *Zu S. 116.* Der kleine Rechenfehler läßt sich nicht aufklären.

13) *Zu S. 119.* An Stelle des Verhältnisses 1 : 11168 ist nach den heutigen Zahlen 1 : 11316 zu setzen.

14) *Zu S. 148.* Nach den Berechnungen von *Peirce* (United States Coast and Geodetic Survey 1881, S. 463) ist die *Borda*sche Pendellänge 993,918 mm, während sich nach den heute geltenden Werten 993,920 hätte ergeben sollen.

---

15) *Zu S. 153.* Die Methode von *Delambre* besteht darin, daß er in der Mitte zwischen den Grundlinien einige Winkel um maxi mal 0,1″ ändert, und damit Beobachtung und Rechnung in Übereinstimmung bringt.

16) *Zu S. 156.* Die erwähnten Zahlen sind denen des Originals in Klammern beigefügt. Wegen der Winkeländerungen vergleiche man die vorhergehende Anmerkung. Für die Breite des Pantheons ist in Bd. II als Mittel 48° 50′ 48,86″ angegeben.

---

17) *Zu S. 165.* Die Formel wird im Anschluß an die früher erwähnten an der gleichen Stelle abgeleitet. Die Bezeichnungen sind die gleichen. Q bedeutet den Meridianquadranten.

---

18) *Zu S. 173.* Der Bericht über die Bestimmung der Gewichtseinheit ist insofern von bedauerlicher Kürze, als er keine Originalbeobachtungen bringt, auch sonst sind die Zahlen nicht sehr vollständig angegeben. Nach Mitteilung von *Delambre* ist *Lefèvre-Gineau* infolge Überlastung mit anderen Geschäften nicht zum Abschluß des Manuskriptes gekommen. Die Veröffentlichung sollte später erfolgen, was aber nie eingetreten ist.

19) *Zu S. 185.* Der Unterschied der Wasserdichte bei 0,3° gegenüber 4° beträgt nach den heutigen Zahlen 0,000113 statt 0,00012757.

20) *Zu S. 186.* Das Gewicht der Einheit des Massensatzes ist 0,999 2072 kg. Daraus berechnet sich die Korrektion wegen des Luftgewichtes im Innern des Zylinders nach den heutigen Daten zu 0,012 574 also um 0,000043 kleiner.

---

21) *Zu S. 187.* Hieran schließen sich mehrere zusammenfassende Berichte, sowie der über die Schaffung des provisorischen Meters und endlich als Schluß der über das definitive Meter.

22) *Zu S. 188.* Die erwähnte Methode von *Borda* besteht darin, daß vier einzelne in einer Reihe hintereinander gelegte Meter mit einer um ein Hilfsstück verlängerten Toise verglichen werden. Dann werden die vier Meter untereinander verglichen, und ebenso das Hilfsstück mit 18 gleichartigen und diese wieder insgesamt mit der Toise. Daraus kann man sämtliche Fehler berechnen. Man vergleiche auch die Anwendung dieser Methode auf S. 182.

W. Block.

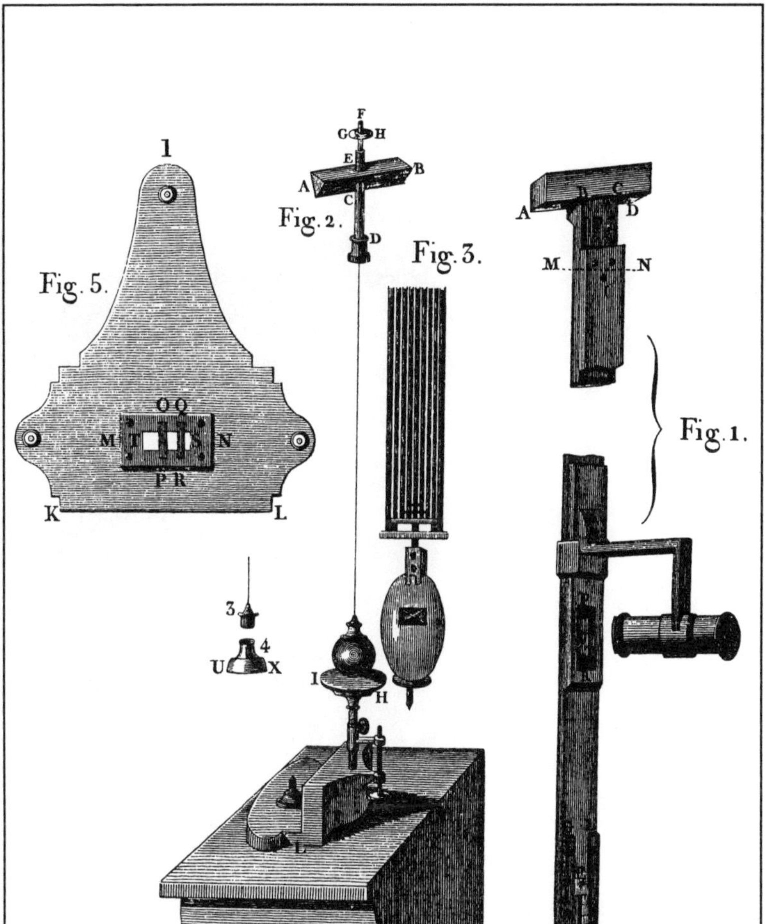
Fig. 1.
Fig. 2.
Fig. 3.
Fig. 5.
1
O Q
M T S N
P R
K L
F
G H
E
A B
C
D
A D
M N
3
4
U X
I
H
L
H I
F

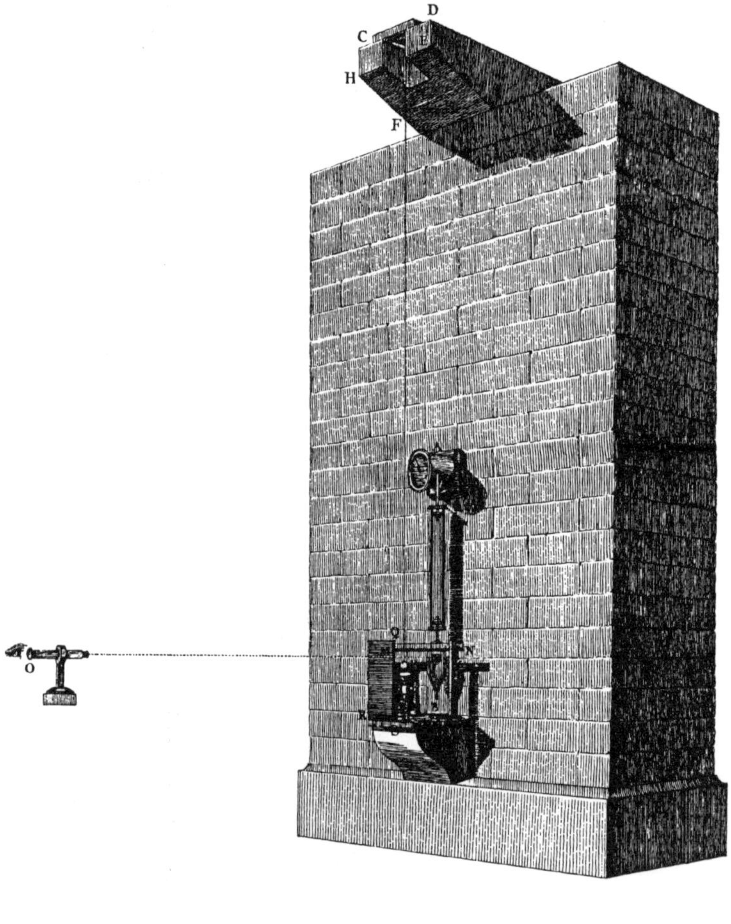
D
C
E
H
F
Q
M
N
O
R
S